L'invisible et la science

Patricia Darré

avec la collaboration de Youssef El Mabsout

L'invisible et la science

Michel Lafon

118, avenue Achille-Peretti – CS 70024
92521 Neuilly-sur-Seine Cedex

www.michel-lafon.com

À François-Philippe

Avant-propos

Pour moi, être médium est un fait, mais cela soulève davantage de questions et entretient plus de mystère que cela n'apporte de réponses. Mon expérience me montre que le médium est en contact avec les défunts, mais cela n'explique pas tout, loin s'en faut.

Comment ce contact est-il possible ? Et qu'est-ce que l'au-delà ?

On me demande quelquefois de donner des cours de médiumnité, mais je suis formelle sur ce point, cela ne s'apprend pas. Il n'y a pas d'école, de technique ou de formation. Une fois qu'on a les outils, on développe ses capacités en se laissant guider par soi-même et par ce qui nous est dit. On ne devient pas médium en quelques jours ou en suivant un stage... Ce n'est pas une activité, c'est un chemin d'apprentissage qui dure toute la vie. J'en suis à ma vingtième année, et je continue d'apprendre. Plus le médium développe ses capacités, plus il élargit son champ de questionnement. On ne sait jamais. Le doute et la remise en question permanente me semblent essentiels. Il n'y a pas de lois prédéfinies, de règlements figés, parce que l'on est dans l'ineffable, dans le subtil, et que là, tout est mobile.

Un médium digne de ce nom doit constamment former des interrogations et pousser la recherche toujours plus loin sur ce qu'il ressent, savoir comment et pourquoi il le ressent, connaître ses limites et les dépasser pour mieux explorer ses possibilités.

Mais pour que ce questionnement soit pertinent, il faut déjà se défaire de toute la religiosité, de la superstition et de la mystification que la médiumnité, selon moi, traîne comme un lourd fardeau. Un fardeau qui la ralentit et la dessert. Je suis un médium laïque et je me suis toujours efforcée d'aborder le sujet avec un esprit rationnel, d'y apposer les mots simples du quotidien afin d'éviter tout jargon ésotérique – jargon non seulement dissuasif, mais surtout très approximatif. Je veux me démarquer de ceux qu'il m'arrive de croiser et qui sont pour la plupart superstitieux et religieux, qui ne font qu'alimenter des légendes avec des imageries bien définies, des images d'Épinal, et toute la panoplie des rituels qu'ils utilisent. La magie, l'ésotérisme américain, le New Age... Je veux sortir de ces catégories, car je ne suis pas une magicienne, je suis une humaine qui veut avancer et avoir des réponses concrètes, puisque je pense qu'elles existent. Nous sommes trop soumis à des modes ésotériques néfastes qui travestissent la réalité et orientent le public vers des pratiques relevant du charlatanisme.

Il ne reste alors plus que l'essentiel, débarrassé de toutes ces fioritures qui ne font que brouiller les cartes et altérer l'importance de la médiumnité : l'être humain est capable de ressentir et de communiquer avec un « ailleurs », comment peut-on expliquer ça ?

Je m'interroge donc sur ce que je capte, car je ne comprends pas toujours d'où cela vient. Ce questionnement me semble d'autant plus important que les informations et les ressentis que je peux intercepter se révèlent justes et me sont très souvent confirmés. Par conséquent, si je ne sais pas d'où cela vient et comment cela fonctionne, je suis un peu mutilée.

Il me paraît important de pouvoir discuter de ces sujets de manière rationnelle, intelligente et saine. C'est la raison pour laquelle je me suis tournée vers des scientifiques suffisamment ouverts pour donner leur point de vue sur ce sujet. Beaucoup de scientifiques, encore aujourd'hui, restent irrémédiablement fermés car ils sont pris dans une espèce de rationalisme assez intégriste qui consiste à considérer comme une hérésie tout ce qui n'est pas connu à ce jour de la science.

Ma démarche s'inscrit donc dans une volonté d'ouverture opposée à l'obscurantisme des uns et au scepticisme des autres. Je crois en effet que ni l'un ni l'autre ne nous permettront de progresser dans la compréhension de ces phénomènes, existant pourtant chez l'homme depuis la nuit des temps. Pour avancer, encore faut-il s'y intéresser et ne pas rejeter tout d'un bloc, s'efforcer d'aborder la question sans préjugés ni idées préconçues.

C'est pourquoi j'ai voulu, dans cet ouvrage, mener des investigations, savoir ce que la science d'aujourd'hui peut dire de la médiumnité.

Avec l'historien Alexandre Adler et l'archéologue François Leroy, nous avons cherché à savoir si une collaboration médiumnique pourrait permettre de mieux explorer notre histoire collective. Confronter mes ressentis à leurs connaissances constitue une façon de mettre la médiumnité à l'épreuve et de vérifier si elle peut être une source fiable.

Avec la psychologue et psychanalyste Luce Janin Devillars, c'est l'histoire individuelle et personnelle de chacun qui est prise en compte, et j'étais curieuse de voir ce que la psychologie, qui a pour but d'expliquer les mécanismes de la psyché humaine, pouvait dire à ce sujet.

Avec l'astrophysicien Massimo Teodorani, la médiumnité est analysée à travers le prisme de la physique quantique, qui a ouvert des perspectives et des voies de recherches entrant en résonance avec ce qu'un médium est amené à ressentir.

Tous ont eu la gentillesse de répondre à mes questions. Bien évidemment, aucun de ces intervenants ni moi-même ne prétendons apporter de réponses définitives. D'après les expérimentations, les connaissances et les observations de chacun, nous essayons de formuler et de rassembler des éléments de réflexion. Nous ne rejetons rien, nous ne créons pas d'école, nous ne sommes pas dans des idéologies particulières, mais juste dans une réflexion générale ouverte à tous.

HISTOIRE

Introduction d'Alexandre Adler

J'apprécie Patricia Darré, car j'ai découvert avec elle tout un univers dont je subodorais l'existence, mais auquel je me refusais toutefois à croire absolument. En effet, l'éducation rationaliste conduit à un certain scepticisme, qui n'est pas radical, mais qui prend en tout cas ses distances avec les choses que l'on désire trop pour qu'elles soient complètement réelles.

Depuis mon plus jeune âge, j'ai toujours voulu tenter d'élucider le passé, peut-être parce que celui de mes parents était compliqué, ou tout simplement parce que ce passé m'appelait et me fascinait. En tout cas, cette volonté de savoir qui anime tout historien passionné est évidemment une mise en communication avec quelque chose de beaucoup plus mystérieux que ce que l'on prétend. C'est l'historien Jules Michelet qui raconte qu'en arrivant aux

Archives nationales, il a eu l'impression de s'enterrer parmi les morts et d'entrer en communication avec eux. C'est une phrase typique du XIXe siècle, où la grande religion est ce mysticisme mêlé de science : Victor Hugo fait tourner les tables à Jersey pour essayer, sans doute, d'entrer en contact avec sa fille défunte, mais avec tellement d'autres personnes… Tout cela va finir avec Camille Flammarion qui, chargé par l'Académie des sciences d'étudier le problème et après avoir assisté à de malheureuses tentatives de voyances, fera un rapport critique sur la question.

Mais malgré tout, nous dirons intuitivement que ce rapport de l'historien au passé n'est pas aussi simple qu'on pourrait le croire, et qu'il comporte un élément d'inspiration qui confine parfois à la vision.

Bien entendu, à un moment ou à un autre, une personne un peu curieuse des choses se heurtera à un phénomène qui n'est absolument pas souterrain ni secret, celui de la voyance. La voyance, qui existe depuis des siècles, a été institutionnalisée dans notre société bourgeoise. Certaines voyantes ont pignon sur rue, car beaucoup de gens vont les consulter pour qu'elles leur parlent de leur avenir, et sûrement sont-elles plus écoutées que les psychanalystes.

En ce qui me concerne, je suis plus sceptique à propos de l'avenir que du passé, car je crois l'avenir incertain : il est fait d'éventualités, de mondes possibles que parfois la voyante explore avec plus ou moins de certitude. On peut sans doute entrevoir un futur proche – notion que l'on retrouve chez Henri Bergson –, parce que les causes et les effets dont il est le produit sont déjà en germe dans le présent. Mais la possibilité d'avoir la prescience d'événements qui se produiront dans un avenir lointain me semble une hérésie, car elle résulte d'une conception trop déterministe de l'insertion de l'homme dans le monde. Je crois que le destin n'est pas scellé entièrement et qu'il reste aléatoire.

En revanche, je pense que le passé, qui par définition a déjà eu lieu, permet, quant à lui, une exploration par les voyantes souvent beaucoup plus directe, et – disons-le avec nuance – beaucoup plus exacte. Cela me rappelle les paroles d'un de mes professeurs en Sorbonne : « Messieurs, disait-il, n'essayez pas de tirer des leçons pour tenter de prévoir l'avenir, c'est un exercice extrêmement difficile et ingrat ; ou alors, si vous êtes obligés de le faire, commencez votre dissertation par une affirmation dont vous prendrez le contrepied à la fin et, surtout, ne donnez ni chiffres ni dates. Vous avez comme devoir de faire des prévisions sur le passé, et c'est déjà beaucoup. » On peut penser que cette « prévision du passé » est une plaisanterie d'Alfred Jarry, mais en fait, ce n'est pas aussi simple : en effet, avant que l'on ne parvienne à un événement, une foule de détails intermédiaires qui l'ont construit et lui ont permis d'advenir nous échappe encore. C'est la raison pour laquelle les historiens sont toujours curieux lorsqu'ils connaissent leur métier. Reste alors, précisément, que les voyantes ou les voyants ont depuis un bon siècle des visions du passé : des visions de personnages décédés, comme Victor Hugo en avait à Jersey, des visions de périodes, parfois d'événements. Ces visions comportent un degré très relatif de clarté, et c'est pourquoi, à partir de cette réalité – qui est à mon avis indiscutable –, on est amené bien sûr à un certain scepticisme, à poser des questions et essayer de comprendre ce qu'il se passe.

Avec Patricia Darré, j'ai été confronté à un phénomène beaucoup plus radical, pur et direct que ce que j'avais lu, vu ou entendu auparavant. Il présentait des particularités telles qu'on se devait d'en tenir compte. Et il est intéressant de noter ce qu'elle peut dire de certains événements passés et de comprendre de quelle façon elle procède.

Introduction de Patricia Darré

Avec l'expérience et la pratique de la médiumnité, en fonction du contexte, du lieu où l'on se trouve, on peut entrer en contact avec des entités qui disent avoir vécu à une époque plus ancienne que la nôtre. Ces esprits qui communiquent aujourd'hui, mais qui relatent des événements de notre histoire passée, sont autant de témoignages que le médium peut recueillir. Pour cette raison, le regard d'un historien est tout à fait intéressant, il permet de vérifier si les informations données sont possibles et pertinentes. C'est une mise à l'épreuve pour le médium qui me paraît essentielle. Cela lui permet de connaître ses limites, de savoir ce qui était juste ou faux dans ce qu'il a capté. Personnellement, cela m'aide et m'apprend à mieux me centrer sur ce que je ressens, à rester neutre : il faut livrer l'information telle qu'on la reçoit, en lâchant prise sans l'altérer et sans se demander si cela est logique, vrai ou politiquement correct. La plupart du temps, comme je ne suis pas historienne, je ne connais pas la période ni le sujet qui est traité, ce qui me donne un terrain totalement vierge sur lequel je vais pouvoir déambuler. Si ce n'est pas le cas, il faut faire abstraction de ce que l'on sait et de ses préjugés pour dire ce que l'on entend, un point c'est tout.

Quand on a un contact avec une entité, on développe un intérêt pour la période historique dans laquelle elle a vécu. Avant même de recevoir une information de sa part, on ressent qui elle est et on se dit : « Tiens, ce personnage est plutôt sympathique ou antipathique, qu'a-t-il à dire et pourquoi ? » Il y a donc souvent comme un lien qui se crée. C'est pour cela qu'il est d'autant plus important de garder son objectivité, de rester détaché quand on transmet un message, de ne pas chercher à romancer l'information reçue. De manière générale, l'ego des médiums doit être mis à l'écart, et c'est malheureusement ce que beaucoup oublient de faire : ils ne s'effacent pas afin de rendre compte au mieux de ce que l'esprit a à dire, ils essayent plutôt d'abonder dans le sens de la personne qui est en face, en recherchant son approbation et en allant là où ils sont attendus.

Recueillir l'avis extérieur d'un spécialiste sur ce que j'ai capté est donc très important, cela me permet de savoir si les informations reçues en valaient la peine. Si rien n'est juste, il faut alors se remettre en question, trouver ce qui ne va pas et le réformer. Souvent les erreurs montrent que le médium n'est pas en état ; quand il est fatigué, par exemple, il capte moins bien. Lors de certaines entrevues, il est arrivé qu'on me réponde : « On n'en a pas encore eu la preuve », et il y a alors une piste qui s'ouvre et qu'il faudra creuser pour la valider. Et au contraire, on peut me dire « c'est confirmé », et alors, c'est rassurant, car cela souligne que ma source est assez fiable et qu'il faut continuer.

C'est donc une chance et un honneur pour moi de pouvoir parler de mon expérience à Alexandre Adler, d'écouter son avis et de confronter ma médiumnité à l'étendue de ses connaissances historiques.

1

Le contre-intuitif, source de fiabilité

Alexandre : La première objection que l'on peut faire aux médiums et aux voyants, c'est qu'ils ne sont pas nécessairement capables de lire le passé, mais qu'ils savent en revanche très bien lire dans le cerveau de leurs interlocuteurs. La première fois que j'ai lu le compte rendu de Victor Hugo faisant tourner ses tables, je me suis dit : « C'est extraordinaire, il parle avec Shakespeare », mais qu'il s'agisse de Shakespeare ou d'autres, tous ont une fâcheuse tendance à parler comme Victor Hugo. C'est le problème de l'interprétation. On a le sentiment que le voyant voit beaucoup plus ce qui lui est demandé… C'est la forme la plus simple d'objection. Sur ce point, je dirais que toutes les expériences que j'ai faites avec vous, Patricia, montrent une neutralité quasi complète, comme un isolement physique des suggestions de l'interlocuteur. Puisqu'il m'est arrivé de vous poser des questions et d'avoir une réponse désarmante qui ne va pas du tout dans le sens des clichés que l'on attendrait.

Par exemple sur l'histoire de la Résistance, qui m'intéresse beaucoup, certaines entités avec qui vous êtes entrée en contact nous ont dressé des portraits de Jean Moulin et de Pierre Brossolette qui, bien que plausibles, sont tout à fait inattendus. Il nous a été signifié ainsi que Jean Moulin était un homme très replié sur lui-même, très peu communicatif, et même très peu ouvert au dialogue avec qui que ce soit. Incontestablement, Jean Moulin était un homme secret dont la vie était particulièrement retenue. Il avait cette formation préfectorale qui fait que l'on ne parlait pas, qu'on gardait les choses pour soi, il a toujours joué les cartes près du corps. Il avait peu d'amis. Et ce qui ressort, ce n'est pas du tout qu'il ait eu une conduite immorale ou agressive, mais que c'était un homme très renfermé qui ne montrait pas toujours son jeu et qui agissait avec beaucoup de discrétion – toutes choses que le général de Gaulle pouvait d'ailleurs apprécier. Au contraire, Pierre Brossolette – cela devrait faire plaisir à ceux qui militent pour le faire entrer au Panthéon –, est décrit comme quelqu'un de lumineux et surtout de beaucoup plus ouvert ; un homme extraverti qui, lors de ses voyages dans la France occupée, était toujours intéressé à prendre contact avec tout le monde, y compris les communistes. Alors qu'il passe pour un peu sectaire et opposé au parti communiste. Voilà une réponse que je n'attendais absolument pas.

Mais je ne crois pas être un cas unique. Il arrive, bien sûr, que les informations que vous captez soient vraies et conformes à la pensée de votre interlocuteur. Mais il arrive souvent que vos réponses étonnent celui qui vous interroge, ce qui montre que vous ne répondez pas à ses suggestions.

Patricia : Quand on me pose une question sur un défunt, par exemple, il est préférable, pour que j'y réponde, que je ne connaisse pas son passé. Ma meilleure garantie, c'est justement de ne rien connaître de cette histoire familiale et de ce défunt en question. Si j'arrive à le capter, je dis aux gens : « Ne me dites rien. Moi, je vais vous dire ce que je reçois. » Je préfère ainsi ne pas être influencée par un détail, ou une information que l'on m'aurait donnée au préalable. J'aime procéder de cette façon. Ensuite, quand j'ai retransmis l'histoire que m'a racontée le défunt ou l'information que j'ai captée, c'est aux gens de me dire si cela fait sens, si c'est pertinent ou non. Si mes esprits guides – que je surnomme ma « hiérarchie » – me préviennent, comme cela a pu arriver par le passé, que je vais devoir entrer en contact avec un personnage historique, j'essaye dans la mesure du possible de ne pas trop me documenter à son propos. En effet, les médiums de nos jours, avec les photos, les romans, les livres, le cinéma, Internet, peuvent être très influencés. L'interprétation et l'imagination sont leurs pires ennemis, car elles leur permettent d'inventer toutes sortes d'histoires qui ne sont absolument pas fondées. Je préfère ne pas savoir de quoi on va me parler, et qu'on me laisse dans une grande difficulté. C'est à ce moment précis que l'expérience devient intéressante.

Alexandre : Un des exemples frappants de cet aspect contre-intuitif – qui est une preuve indirecte que ce que vous captez ne relève pas de la suggestion – est un épisode concernant votre contact avec Napoléon au sujet du chevalier de Saint-Georges. Ce dernier est un homme de couleur de la deuxième moitié du XVIIIe siècle. Éduqué, doué pour la musique et l'escrime, en particulier, il laisse un bon souvenir à la cour du roi Louis XVI et dans les îles françaises des Caraïbes d'où il est originaire. Ce qui n'est pas pour plaire à Napoléon...

Patricia : En effet, à l'époque, pendant quelques mois, j'ai été régulièrement en contact avec l'esprit de Napoléon. Un jour, ma hiérarchie me demande de lui parler de cet homme. Je ne connais rien de lui, et au contact suivant, je demande naïvement : « Que pensez-vous du chevalier de Saint-Georges ? » Cette simple question rend Napoléon fou furieux, il entre dans une crise de colère terrible et la vitre de la fenêtre du bureau dans lequel je me trouve explose littéralement. Après plusieurs tentatives pour aborder ce sujet, j'ai fini par comprendre ce qui gênait tant Napoléon : ce chevalier de Saint-Georges était la preuve même qu'un homme de couleur pouvait se distinguer par son intelligence et son habileté dans les plus hautes sphères de la société. Il voulait donc effacer sa mémoire et son souvenir, et a demandé que toutes ses œuvres soient brûlées dans les îles. Pour Napoléon, le racisme était tout à fait moral, il fallait distinguer les races en fonction des couleurs. Le discours qu'il tient alors m'horrifie : selon lui, la Révolution française a fait une erreur en permettant de nommer des députés noirs dans les îles, car seuls les Blancs sont faits pour gouverner. Il ne changera jamais d'avis sur cette question. Il me disait : « Vous voulez que je regrette, mais je ne regrette rien. L'esclavage n'est pas une mauvaise chose, ces personnes sont naturellement faites pour être à cette place. » J'étais choquée par ses propos qui m'ont montré de manière flagrante qu'à son époque, le racisme était encore bien différent de celui que l'on connaît de nos jours : il était bien plus ancré et répandu dans une société qui considérait le peuple de ses colonies comme de simples sauvages !

Alexandre : C'est ce que j'appelle le « contre-intuitif », c'est-à-dire que l'intuition, là, va à l'encontre de ce que tout le monde pense. Il est évident qu'aujourd'hui, particulièrement, Napoléon est un homme aimé des Français. De temps en temps, on évoque la campagne de Russie, on dit : « Ah ! C'était terrible ! » Et quelques historiens antillais nous rappellent que le rétablissement de l'esclavage à Saint-Domingue et à la Guadeloupe n'est pas un des épisodes les plus brillants de sa vie. Mais dans l'ensemble, on aime sa gloire, on aime son charisme et son esprit de décision. La vision que vous en donnez sur la question du racisme va à l'encontre de cette image populaire positive qui l'entoure. Mais avez-vous eu une preuve matérielle que cet esprit était bien celui de Napoléon, et non d'un plaisantin ?

Patricia : Absolument. Comme il voulait parler à ses descendants, j'ai rencontré la famille Bonaparte et j'ai canalisé Napoléon devant eux. Lors d'un entretien, il a demandé à l'un de ses descendants où se trouvait un bijou qu'il avait fait fabriquer de son vivant, et en a fourni une description très précise, mais personne ne semblait le connaître. Dans les semaines qui ont suivi, la famille a donc entrepris des recherches et a fini par retrouver l'objet en question, qui correspondait en tout point à la description donnée par l'esprit que j'avais canalisé. Ce qui est intéressant en médiumnité, c'est d'avoir des preuves. Il est vrai que le médium peut raconter des tas d'histoires tirées de son imaginaire ou de ce que lui suggère son interlocuteur. Pour cette raison, tant qu'il n'y a pas de preuves tangibles, on reste sur notre faim. Quand le défunt est mis en relation avec sa famille par l'intermédiaire du médium, il n'est pas rare qu'il délivre une information précise le concernant : quand il le peut, il rappelle les causes de sa mort ou l'une de ses caractéristiques physiques particulières ou tout autre détail permettant à la famille de l'identifier.

Ce contact avec Napoléon illustre bien deux points importants qui concernent la médiumnité en général. Le premier est qu'on ne rentre pas en communication par hasard avec une entité : il y a toujours un but précis qui sous-tend la communication, il y a une leçon à tirer. On ne rentre pas en contact simplement pour le plaisir ou par jeu. Il y a forcément quelque chose à comprendre de l'autre, qui a quelque chose à vous dire, ou c'est vous qui avez quelque chose à lui dire. Mais on doit forcément avancer d'un côté ou de l'autre. C'est flagrant quand le médium se trouve être l'intermédiaire entre une famille et ses défunts. La communication va alors permettre de transmettre des messages et des informations de part et d'autre qui vont permettre, par exemple, de soulager la famille et de l'aider à faire son deuil ; ou encore permettre au défunt de rétablir une vérité, grâce à quoi il pourra poursuivre son évolution avec plus de sérénité.

Pour Napoléon, l'histoire du chevalier de Saint-Georges était symptomatique du travail qu'il devait faire sur lui-même pour lui permettre d'avancer. À travers le problème de la couleur de la peau, c'est la question de la reconnaissance de l'autre qui se posait à lui. C'est la raison pour laquelle on m'avait demandé d'aborder ce sujet.

Le deuxième point est qu'il peut arriver que l'entité avec qui on rentre en contact tienne ainsi des propos avec lesquels le médium n'est absolument pas d'accord. Il doit néanmoins mettre son avis personnel de côté pour transmettre le message tel quel.

Alexandre : Cela tendrait à prouver, en effet, qu'il n'y a pas d'autosuggestion de la part du médium. Qu'il est réellement confronté à quelque chose d'extérieur à lui qui peut tout à fait exprimer un point de vue différent du sien. Si je comprends bien, il peut y avoir des tensions et des discordes entre l'entité et le médium. Il n'y a pas obligatoirement de sympathie réciproque naissant du fait qu'ils communiquent.

Patricia : Non, en effet. Il m'est arrivé de nombreuses fois d'être en contact avec des entités avec lesquelles j'avais une réelle incompatibilité de caractère. On est sur la « même longueur d'onde » pour communiquer, mais pas pour s'entendre ! Il y a eu des individus qui, sous prétexte qu'ils peuvent entrer en contact avec moi par angoisse ou par pouvoir, une fois que je leur dis « je peux entendre et transmettre », se mettent à donner des ordres : « Il faut dire… vous n'avez qu'à… vous allez dire… vous allez faire… » L'entité peut ainsi essayer d'exercer un pouvoir sur le médium et tenter de le commander : « Va dire, tout de suite, c'est maintenant ! » On doit remettre en place le défunt, en disant : « Ce n'est pas le moment, je ne suis pas disponible, je le dirai en temps voulu. » Nous pouvons recevoir ainsi des injonctions très désagréables. Il m'arrive donc de leur dire : « Puisque vous manquez de respect, on arrête », et de fermer mentalement la porte.

La grande préoccupation de Napoléon était, par exemple, de séduire tous ses interlocuteurs pour avoir tout le monde sous sa coupe. Il pensait que j'étais à son service. Mais je ne suis pas au service de l'entité, je suis au service de la cause : pour faire avancer quelqu'un, pour transmettre un message, pour rendre heureux, pour dénouer des choses. Mais ce n'est pas de l'esclavage ! C'est vraiment une question de caractère, car certaines entités sont, au contraire, très reconnaissantes : « Comme je suis heureux que vous m'entendiez, de pouvoir dire à mes enfants, mon mari, ou ma femme… »

Il ne faut pas se laisser faire, sinon on se retrouve vite avec des entités qui vous manipulent, vous poursuivent jour et nuit jusqu'à ce vous vous pliiez à leurs quatre volontés. Je rencontre ponctuellement des médiums qui deviennent très vite malades ou dépressifs, parce qu'ils disent oui à tout. Je le dis souvent aux gens qui captent : « Attention, ne devenez pas esclave, fermez les portes, n'acceptez pas tout. Vous ne l'auriez pas fait avant, quand la personne était vivante, il ne faut pas le faire maintenant qu'elle est désincarnée. » Il faut savoir se faire respecter, d'un côté comme de l'autre.

Lors d'une communication, l'entité ressent bien le caractère du médium. Elle peut donc vouloir exploiter ses failles et ses faiblesses.

Personnellement, le caractère de l'entité est la première chose que je perçois. Je ressens d'abord si l'esprit est positif, s'il est fort et a du charisme, s'il est facile d'accès, s'il a bon caractère ou non... Ensuite, je l'entends. L'image arrive toujours en dernier.

2

L'apparence des défunts

Alexandre : Et comment ces entités se représentent-elles ?

Patricia : Quand je suis en communication avec elles, je les visualise mentalement. Elles reconstituent leurs images en fonction de l'énergie et du souvenir qu'elles ont d'elles-mêmes. Cela peut donc aller d'une simple lueur, un reflet, à une image assez complète avec des tenues vestimentaires précises.

Alexandre : Dans sa théorie de la résurrection des corps, l'Église parle d'un « corps glorieux », c'est-à-dire d'une apparence physique idéale, où certains éléments de maturité se combinent avec l'énergie de la jeunesse. C'est une apparence que l'on n'atteint que très difficilement dans la vie terrestre, mais qui est ensuite transportée par l'entité, par l'esprit, dans un souvenir qu'il embellit lui-même.

Patricia : Il y a un peu de cela, mais la personne qui vient se représente telle qu'elle se ressent, telle qu'elle se souvient avoir été, et non pas telle qu'elle était. Ce souvenir n'est donc pas toujours d'une grande précision, la reconstitution peut se révéler approximative et changer en fonction des jours. Par exemple, si je reprends le cas de Napoléon, parfois il arrivait fatigué, vieilli et à bout, presque dans son cercueil.

Alexandre : C'est certainement le Napoléon de Sainte-Hélène, avec tout le poids des années et des épreuves.

Patricia : Et à d'autres moments, il était le Premier Consul : jeune et plein de vitalité. Il pouvait être l'un ou l'autre en fonction de son énergie, de son état d'esprit et de son humeur.

Il est rare, quand j'ai une manifestation, que la donnée physique soit la même que la représentation à laquelle je me suis habituée. Ils se souviennent avoir été comme cela. Ce n'est pas forcément comme nous pouvons les représenter.

Jeanne d'Arc, par exemple, était assez carrée d'épaules, petite avec une forte poitrine, très peu large de bassin, plutôt bien en chair, avec de bonnes joues, les sourcils bruns, les yeux marron et les cheveux châtains. Ce n'est pas la blonde aux longs cheveux, comme il est arrivé qu'on la représente… Elle a un nez un peu fort et des petits yeux très légèrement bridés. Elle n'est ni belle ni laide et a un physique assez banal. Elle est assez masculine, elle a été formée à la guerre, et a donc oublié qu'elle pouvait être femme. C'est un personnage un peu androgyne.

Alexandre : Pour des hommes qui avaient une certaine attirance pour l'homosexualité, une sorte d'homme-femme hermaphrodite devait créer une fascination. Et l'on voit bien certains de ses compagnons d'armes comme Gilles de Rais, Dunois ou La Hire, attirés par un tel personnage. En tout cas, la description que vous en faites est assez éloignée de l'image de la sainte idéalisée qui est souvent véhiculée.

Ce sont des impressions qui viennent et qui sont totalement perpendiculaires à la perception commune. Ce ne sont pas des « rêves diurnes » comme disait Freud, où l'on rêve de quelque chose que l'on sait déjà ou que l'on croit savoir.

3

Le devoir de neutralité du médium

Patricia : Quand on est médium et que l'on capte une information, il faut quelquefois pouvoir se défaire de ses propres connaissances, de son bagage culturel, pour transmettre au plus près ce que l'on ressent. Dernièrement, la télévision suisse italienne, par exemple, m'a emmenée sur un dolmen pour voir si je pouvais ressentir quelque chose de lié à l'histoire de ces pierres. Pour moi, les dolmens ont été érigés par les Celtes et sont caractéristiques de leur culture. En touchant la pierre, je ressens qu'il y a de nombreuses personnes enterrées sous ce monument. Je visualise une scène passée de cérémonie funéraire. Il y a trois personnes qui officient autour de cette sépulture, et un groupe de personnes est tenu à l'écart et n'a pas le droit d'approcher. Ce sont tous des hommes petits et très carrés, et je me rends compte que ce ne sont absolument pas des Celtes : il s'agit d'une civilisation bien plus ancienne, qui est déjà évoluée, civilisée, qui a dressé ces pierres et qui a des rites funéraires. Ce que je perçois contredit donc mon idée première.

Alexandre : C'est ce que beaucoup d'archéologues appellent maintenant la « civilisation mégalithique », faute d'un autre nom. De toute évidence, ces hommes avaient des notions mathématiques importantes pour pouvoir aligner les mégalithes, par exemple. En ce qui concerne Carnac et Stonehenge, on le sait très bien. On date à peu près les invasions celtes au VIIIe siècle av. J.-C. Manifestement, tous ces monuments mégalithiques étaient là auparavant. D'ailleurs des historiens romains rapportent que certains druides ont suivi des rites dans une langue incompréhensible. Il pourrait s'agir d'une langue d'une civilisation antérieure. Cette idée chemine chez les historiens, bien qu'elle manque de preuves indiscutées.

En tout cas, il n'y a pas de suggestions dans vos visions, ni de votre propre culture ni des attentes de vos interlocuteurs, qui sont souvent surpris et désarçonnés par quelque chose qu'ils n'avaient pas en tête.

Patricia : Oui, ils sont quelquefois même déçus, car cela ne correspond pas à ce qu'ils voulaient. Bien souvent, l'interlocuteur qui me pose une question sur un défunt s'est déjà fait une idée de ce que devrait être la réponse. Dans ces cas-là, il n'est pas rare que le message que je lui transmets n'ait rien à voir avec celle-ci, cela peut-être déstabilisant et pour lui et pour moi. Mais au-delà des suggestions des interlocuteurs qui peuvent influencer le médium, il y a un autre problème qui se pose : quand le médium est en contact avec un esprit d'un autre siècle, comment rendre compte d'une pensée, d'un caractère, d'un message sans les dénaturer, alors que les valeurs culturelles de cette époque reculée et la société elle-même sont très différentes des nôtres aujourd'hui ? Un médium de bonne volonté, dans ce cas, aura tendance spontanément à « adapter » le message du défunt en fonction de nos valeurs actuelles et, ce faisant, il peut en biaiser le sens.

Par exemple, il m'est arrivé récemment de me rendre dans un château construit au début du XVe siècle, dans lequel j'ai ressenti une présence : un homme, probablement un chevalier de cette époque. L'une des personnes qui m'accompagnait me demande : « Cet homme est-il gentil ? » Mais dans ce contexte, à cette époque médiévale, le terme « gentil » était inapproprié. Le système de pensée n'est pas le même qu'aujourd'hui, et cet homme était capable d'amour et d'amabilité, mais pouvait également tuer un importun avec une facilité et un naturel qui ne pourrait que nous choquer aujourd'hui.

Alexandre : Oui, un chevalier du XVe siècle peut être quelqu'un de très estimable dans ses rapports familiaux, avec ses amis, mais il n'a aucun problème à dégainer son arme, à égorger ou étrangler son voisin. Il n'en éprouve d'ailleurs aucun remords.

Patricia : Exactement. Cela est très difficile à transposer, car je dois traduire ce que je ressens, et avec notre façon de concevoir les rapports humains aujourd'hui, cela semble contradictoire. C'est quelqu'un d'impitoyable et à la fois d'aimable. Mais sûrement cela ne l'est-il pas pour l'époque.

Alexandre : On peut avoir le même phénomène pour des périodes bien plus récentes également, où des gens d'une certaine humanité, qui avaient les mêmes aspirations que nous, ont pourtant fait des choses que nous désapprouverions aujourd'hui. Une partie de la civilisation des mœurs est venue effacer certaines pratiques et ont fait évoluer notre état d'esprit. Nous n'avons plus le droit de tuer, par exemple. La génération des années 1930 considérait que la peine de mort ne constituait pas du tout une transgression importante, et l'on peut citer l'exemple de résistants, à la fin de la Seconde Guerre mondiale, qui étaient extrêmement moralisés, qui avaient une haute idée de leurs obligations dans la société, mais qui ne voyaient vraiment pas où était le problème de fusiller des collaborateurs. Dans le cas de Pierre Laval, ils lui ont même fait régurgiter le cyanure qu'il avait avalé, avant de l'envoyer au poteau d'exécution. Mais tout cela était considéré comme normal, et ce n'était pas de la cruauté. Comme les Romains qui assistaient avec plus ou moins de dégoût aux spectacles du cirque.

Patricia : Quand l'époque que nous captons n'est pas en adéquation avec la nôtre, il est quelquefois difficile pour le médium d'en rendre compte. Il doit donc s'efforcer de rester neutre, en évitant de calquer ce que lui inspire son éducation et sa petite morale personnelle sur son ressenti. Dans l'exemple du chevalier, on serait tenté d'être outré et de s'exclamer : « Cet homme est excessivement dangereux et rustre ! » C'est évidemment la vision que l'on en aurait aujourd'hui, mais le médium se doit de retranscrire ce qu'était l'homme à son époque, dans les mœurs de son temps. Plutôt que de se confronter à cette difficulté, certains médiums, quand ils captent une scène du passé, préfèrent se perdre en descriptions : « Ce chevalier a une belle épée… » Mais cela semble futile et quelque peu romancé. D'autres détails sont plus révélateurs. Pour moi, en ce qui concerne cette fin de période médiévale du XVe siècle, par exemple, j'ai souvent capté des images rudes : Jeanne d'Arc n'a pas une jolie peau des années 2000, elle est couperosée, tannée par le vent et le froid, elle buvait avec ses compagnons d'armes dans les campements pour tenir. Les gens de l'époque avaient des caractères plus instinctifs, plus forts et changeants : on passait du rire aux larmes, des larmes à la colère, on s'emportait plus facilement, notre humeur passait d'un extrême à un autre très rapidement. Ce n'est pas comme aujourd'hui, où une espèce de raison, de politiquement correct fait que l'on est globalement dans une conduite assez stable. C'est ce genre de ressenti et de détails qui permettent par exemple de mieux comprendre le contexte et le message d'une entité de l'époque.

Alexandre : C'est en lisant le sociologue allemand Hans Jonas que j'ai appris qu'en fait, l'usage des fourchettes a commencé à se répandre parce qu'on a voulu bannir les couteaux qui donnaient lieu à des rixes à table. On était donc prié de « laisser les couteaux au vestiaire ». Cette expression reflétait une réalité très sérieuse, les gens pouvaient taillader leur voisin de table parce qu'il avait dit quelque chose qui ne leur plaisait pas.

Patricia : Le devoir du médium est de livrer le détail déterminant, de ne pas s'attarder sur ce qui est secondaire et qui ne permet pas de rendre compte de l'histoire passée qu'il capte.

4

La connaissance des événements historiques des défunts

Alexandre : Ces entités qui rentrent en contact avec vous ont-elles justement quelque chose à dire sur l'époque présente ? Ont-elles conscience des événements ou des personnes qui marquent notre histoire contemporaine ?

Patricia : De manière générale, il est plutôt rare que les entités avec qui je suis amenée à être en contact aient connaissance de notre époque. À vrai dire, il est difficile d'établir de grandes lois générales, les entités peuvent tout à fait s'intéresser aux événements survenus après leur mort, tout comme elles peuvent ne connaître que les événements qui sont intervenus pendant leur existence. Elles peuvent également ne pas s'intéresser du tout à cela et rester centrées sur leurs histoires et émotions personnelles pour pouvoir avancer. En vérité, tout dépend de ce dont elles ont besoin pour évoluer. Si cela est nécessaire à leur avancement, alors il se peut qu'elles aient connaissance de certains faits historiques survenus bien après leur mort physique. Gilles de Rais, par exemple, personnage du XVe siècle, mort avant la fin de la guerre de Cent Ans, se demandait si les Anglais avaient envahi la France. Il ne savait rien de ce qu'il était advenu depuis sa mort en 1440. Au contraire, Napoléon semblait très intéressé par notre histoire contemporaine. Un soir où j'étais en communication avec lui, il m'a fait part d'un souhait : « Va chercher ton mari, je veux parler à un homme. » J'explique la situation à mon époux qui, amusé et curieux, accepte de venir dialoguer. Pendant la discussion qui a suivi, ils ont parlé politique ! Mon mari lui a demandé : « Avez-vous entendu parler de De Gaulle, et si oui, qu'en pensez-vous ? » Et Napoléon lui a répondu : « J'en ai entendu parler. De Gaulle est un satrape, l'unique général qui n'ait jamais fait la guerre. »

Alexandre : C'est un peu sévère. De Gaulle a eu une véritable expérience du front, il a quand même était blessé à Verdun pendant la Première Guerre mondiale, où il est alors capitaine. Quand débute la Seconde Guerre mondiale, il est colonel, et après quelques opérations militaires, il est nommé général de brigade à titre temporaire. Et à ce titre, il a indiscutablement et effectivement dirigé un ensemble de formations blindées regroupées pour la circonstance, et de la taille d'une division. Le succès de cet engagement à Montcornet lui aurait certainement valu une promotion bien méritée si, entre-temps, le cours catastrophique de la guerre ne l'avait amené au gouvernement de Paul Reynaud. C'est en effet sous ce gouvernement qu'il devient, peu de temps après, sous-secrétaire d'État au ministère de la Défense nationale et de la Guerre. Il part à Londres, et devient la figure emblématique de la Résistance française que l'on connaît.

Patricia : Mon mari lui a posé des questions sur les systèmes politiques et la manière de gouverner. Apparemment Napoléon n'était pas très en phase avec la démocratie, il comprenait plus un système à l'anglaise, qu'il trouvait plus sérieux que le nôtre.

Alexandre : C'est intéressant, car c'est une chose que l'on retrouve dans *Le Mémorial de*

Sainte-Hélène, où il fait l'éloge de Charles James Fox, un homme politique britannique, chef du parti libéral « whig » et de l'opposition, face au Premier ministre William Pitt, à la fin du XVIIIe et au début du XIXe siècle. Il voyait en Fox un grand homme, avec qui il aurait pu s'entendre. En effet, contrairement à l'image qu'on se fait, Napoléon ne dit jamais de mal du système politique britannique. Là encore, c'est contre-intuitif, bien entendu. Qui peut imaginer cela ? Il faut vraiment bien connaître *Le Mémorial de Sainte-Hélène* pour retrouver ce passage.

Patricia : À mesure qu'il discute avec Napoléon, mon mari est ainsi très surpris de certaines de ses réponses, et il se rend compte que ce dernier a une connaissance ciblée, mais évidente, de certains faits de notre histoire contemporaine. En revanche, tout ce qui a trait aux avancées technologiques modernes ne fait pas partie de ses données, et il répond : « Je ne comprends pas. » Il est bien plus au fait et intéressé quand cela concerne des personnages ayant marqué l'Histoire. Mon mari lui demande : « Que pensez-vous de Hitler, de son pouvoir et du vôtre ? » Il répond : « Ne m'offensez pas, Hitler est un démon, je ne suis qu'un homme. »

Alexandre : Ses réponses ne sont pas dénuées de profondeur.

Patricia : C'est curieux car c'est un homme qui a une pensée et un langage du XVIIIe siècle, mais qui semble pouvoir piocher ce qui l'intéresse dans des époques plus récentes. Même si, dans mon expérience de médium, cela n'est pas arrivé souvent, il est cependant la preuve que les esprits peuvent avoir accès à certaines informations relatives à une période postérieure à leur mort physique, quand celles-ci sont en résonance avec leur vécu, leur histoire, leurs intérêts.

Je pense que cela peut être le cas pour tous ceux qui sont restés près de nous, proches de la Terre, de cette dimension qu'ils ont quittée et à laquelle ils tenaient tant. Napoléon a eu une vie riche de conquêtes, il est parti avec une volonté de revanche et de comprendre. Il paraît assez logique dans ces conditions qu'il ait certaines difficultés à se détacher complètement de ce qu'a été sa vie terrestre, et qu'il éprouve un intérêt, limité mais certain, à suivre quelques événements de notre réalité. En discutant avec d'autres entités, on se rend compte au contraire que certaines sont dans un processus de détachement total avec notre dimension, elles en ont perdu tout repère historique. Elles ont pris beaucoup de recul et ne se préoccupent plus de ces questions. Les faits leur importent peu car elles ont développé une spiritualité plus importante et nous engagent à suivre ce même chemin d'élévation.

5

Le médium n'est qu'un messager

Alexandre : Choisissez-vous les entités avec qui vous communiquez ? Les personnages historiques avec qui vous êtes entrée en contact étaient-ils des personnalités auxquelles vous vous intéressiez au préalable ?

Patricia : Je ne choisis jamais... malheureusement ! Il y a tellement de personnages qui ont marqué l'Histoire, les arts, la société... à qui j'aimerais parler et que je n'aurai jamais ! Je peux toujours essayer d'appeler des personnes qui me plaisent en particulier, mais cela ne fonctionne pas ainsi. Par exemple, j'apprécie beaucoup George Sand, je suis allée visiter sa maison à Nohant, mais je ne suis jamais entrée en contact avec elle. Quand j'ai visité la maison de Léonard de Vinci, je n'ai eu aucun signe de lui… Il y a la mémoire de la maison, mais son esprit n'est pas là. Ce n'est pas moi qui décide, c'est une question vibratoire : le médium est comme une petite antenne, il ne capte que les défunts qui sont sur des ondes compatibles avec les siennes. Il y a donc des contacts avec certains esprits qui ne sont pas possibles, car mon antenne n'est pas « adaptée ». Cela signifie que l'esprit, s'il est disponible, devra passer par un autre médium pour communiquer. J'ai remarqué ainsi que les entités qui sont liées au monde de la guerre, du militaire, les soldats… passent souvent par moi. Cette attraction, même si je ne me l'explique pas, est sans nul doute le résultat d'une compatibilité vibratoire entre ces entités et moi. Je ne choisis donc pas avec qui j'entre en communication, ce sont plutôt elles qui se présentent et me signalent leur présence. La grande majorité de mes contacts avec l'au-delà est ainsi constituée d'une multitude d'anonymes : du paysan du Moyen Âge à l'ancien châtelain du coin, ou du soldat d'une ancienne bataille au grand-père défunt d'une voisine. Il est évident que j'évoque plus facilement mon contact avec Napoléon et Jeanne d'Arc, car ce sont des personnages que nous connaissons tous, et que j'en garde un souvenir plus vif. Mais ce sont bien là des exceptions dans mon parcours médiumnique !

La question que je me suis posée après ces deux contacts est : « Qu'est-ce qu'une femme banale comme moi et habitant le Berry peut faire de ces informations ? » Napoléon disait qu'il n'était pas enterré aux Invalides, Jeanne d'Arc qu'elle n'était pas une sainte et n'avait pas été brûlée. C'était en 2007 pour l'un, et 2008 pour l'autre. Je ne voyais donc pas où cela devait aboutir. Mais dans les deux ou trois années qui ont suivi, j'ai remarqué que certains médias ont consacré des sujets à ces deux questions, comme si c'était dans l'air du temps, et que le moment était venu de rétablir certaines vérités sur notre histoire collective.

Pour les entités, il s'agit d'avancer et de pouvoir évoluer de l'autre côté, car elles peuvent se sentir freinées par des contre-vérités les concernant. Mais il s'agit également pour elles de nous délivrer de ces mensonges les concernant et de nous permettre d'avancer de la même façon. C'est comme si, à certaines époques, un besoin de verbaliser, de révéler certaines informations concernant notre histoire se faisait sentir. Et peut-être que les médiums, avec d'autres, servent à relayer ces informations quand le moment est opportun.

Dernièrement, j'ai été contacté par l'une des personnes qui s'occupe du château de Culant dans le Cher, et qui m'a demandé de venir : « Nous avons dans une pièce du château quelque chose qui empêche les visiteurs d'entrer, le public dit qu'il y a un fantôme. » Je m'y suis rendue, et cette pièce en question dégageait un sentiment d'oppression terrible : une entité était bien là, très en colère, et m'a dit : « Je suis Louis de Culant. On m'a accusé d'avoir détourné de l'argent, ce n'est pas moi, je suis innocent ! C'est un mensonge, il faut maintenant rétablir la vérité ! » Le gardien m'a expliqué l'histoire de cet homme : il a été l'un des premiers propriétaires du lieu au XVe siècle. Compagnon d'armes de Jeanne d'Arc, il a été l'une des trois personnes – avec Gilles de Rais et Jean de Brosse – à porter la sainte ampoule pour le sacre du roi Charles VII. Par la suite, le roi l'a accusé d'avoir volé de l'argent.

Bizarrement, certains personnages de l'entourage de Jeanne d'Arc et de Charles VII ont été accusés comme si le roi avait voulu se débarrasser d'eux. Peut-être en savaient-ils trop sur l'affaire Jeanne d'Arc ? Il y a ainsi d'autres personnages qui viennent compléter cette histoire, comme s'il fallait révéler qu'il y avait eu manipulation, et tous disent : « Dites la vérité ! »

Mais on peut se demander, pour Jeanne d'Arc et Napoléon, pourquoi ces révélations arrivent précisément maintenant.

Alexandre : À ce propos, je suggérerais que cela s'inscrit dans un processus de transition dans lequel se trouve la France – mais également la planète entière : il y a comme une conscience collective qui essaye de retrouver son équilibre, et cela passe par la nécessité de chasser nos mythes. Un psychanalyste le dit à son patient : « Il faut maintenant étudier vos souvenirs d'enfance, puis faire sortir quelque chose qui n'est pas le souvenir d'enfance embelli, mais le vrai. » Or, nous avons dans notre histoire de nombreux mythes, dont deux importants : Jeanne d'Arc et Napoléon. Jeanne d'Arc, la bergère, la vierge de Domrémy, qui vient sauver la France avec le Sacré-Cœur. Et Napoléon, le génie omniprésent à qui la France entière rend hommage aux Invalides. En ce qui concerne Jeanne d'Arc, l'un des premiers à démystifier le sujet est Pierre Caze, un sous-préfet au début du XIXe siècle. D'autres suivront, généralement des anticléricaux, pour affirmer qu'elle n'était sûrement pas la jeune fille venue de Domrémy et qui, de façon miraculeuse, a reconnu Charles VII dans l'entrevue de Chinon. Mais quelqu'un qui le connaissait déjà, et que tout cela n'était qu'un montage. Où a-t-elle appris à monter à cheval ? Cela n'est pas évident, et de surcroît quand on doit porter une armure. Où a-t-elle appris l'art de la guerre ? Même si elle porte un drapeau et qu'elle ne combat pas, elle est quand même au milieu de ses troupes et reconnue comme un général. On peut aussi aborder la question de son procès : pourquoi les Anglais s'en désengagent-ils et poussent-ils en avant l'Église de France, avec l'évêque Cauchon ?

Si l'on met tout cela à plat, le mythe de Jeanne d'Arc pourrait s'effondrer. Et il en est de même avec Napoléon. Mon sentiment est que la France est malade de ses mythes. Tant que nous croyons à des enfantillages comme avec Jeanne d'Arc, et tant que nous oublions comment a fini l'épisode napoléonien, c'est-à-dire par la Bérézina, par le massacre d'une génération entière, par l'épuisement d'une France qui mettra cinquante ans à remonter la pente d'une gloire factice… Tant que nous n'aurons pas dit tout cela, nous serons malades. Et c'est peut-être la raison pour laquelle on vous a mis en contact avec cette réalité.

Conclusion d'Alexandre Adler

Le public a un réel engouement pour les livres d'histoire, en France en particulier, mais derrière cet intérêt et cet accès simple aux connaissances historiques se cache en fait une vraie complexité. Pourquoi ? Parce que l'histoire est une connaissance mixte. Elle n'est pas une science dure, même si elle fait appel de temps en temps à des techniques précises comme les statistiques pour l'économie ou des connaissances géologiques pour la stratification des sols pour l'archéologie. Cette partie scientifique est donc tout à fait restreinte ; l'autre partie consiste, quant à elle, à collationner des documents sûrs, des restes archéologiques ou des témoignages fiables pour ce qui est de l'histoire contemporaine. Une fois toutes ces informations rassemblées, il faut ensuite – et c'est là que cela devient compliqué – les ordonnancer dans un récit unifié. C'est à la fois ce qu'il y a de plus exaltant dans le travail de l'historien, parce qu'il s'apparente à celui de l'écrivain, mais c'est également la partie la plus difficile, pour la simple et bonne raison que tout le monde n'est pas égal : il y a des historiens qui sont des écrivains extraordinaires comme Fernand Braudel, et d'autres qui sont bien plus prosaïques. Cet aspect « artiste » du métier d'historien existe aussi. Ce n'est pas le seul. Les mathématiciens parlent de la beauté d'une démonstration et tous les médecins disent que la médecine est à la fois fondée sur la biologie, mais qu'elle est aussi un art : l'art du diagnostic et de l'intercommunication avec le patient.

L'histoire est donc un discours unifié par le style et le talent de l'historien, qui s'appuie sur des disciplines très diverses allant de la science dure jusqu'à l'interprétation libre à partir, par exemple, de la lecture de témoignages contradictoires. Dans ce travail d'unification, l'historien passe de la partie documentaire de son travail à une partie qui est pour ainsi dire presque philosophique. Ayant donné la preuve au lecteur que ce qu'il raconte est fondé, il arrive à un moment où il doit se prononcer : « Voilà, mon interprétation est la suivante, je pense que… » Ce n'est pas une subjectivité arbitraire – il ne dit pas ce qui lui passe par la tête – mais cela comporte néanmoins un élément de jugement personnel. Il est tel un médecin qui, après avoir analysé tous les symptômes de son patient, délivre son diagnostic.

On peut, pour un même événement historique, avancer plusieurs interprétations. Par exemple, il est un fait avéré que l'Union soviétique a apporté son soutien à la naissance de l'État d'Israël entre 1943 et 1948. Puis, c'est le revirement à cent quatre-vingts degrés, et bien vite la mise en accusation d'Israël et la recherche d'une alliance avec les États arabes. Les raisons de ce tournant radical demeurent encore à ce jour mal expliquées. Abordant ce problème, je suis pour ma part persuadé que cette décision personnelle de Staline a plus à voir avec le tournant antisémite de sa politique intérieure en Union soviétique qu'à une quelconque appréciation de la situation au Moyen-Orient. Celle-ci lui a pleinement échappé, ce dont on peut se rendre compte dans ses interventions aussi intempestives que contradictoires dans la crise iranienne qui lui est directement contemporaine. Il y a là un moment où l'historien doit trancher en expliquant les raisons de son choix à son lecteur, mais en le laissant libre, au bout du compte, d'apprécier ce choix. Par conséquent, certains récits et explications historiques vont varier en fonction de son auteur. Il y a donc une part d'invention contrôlée dans le métier de l'historien.

Pour ce qui est de la médiumnité et de la voyance, je pense que tout ce qui s'est passé ou ce qui va advenir est plus ou moins exprimé sous une forme énergétique, comme une espèce de courant de conscience dans lequel le passé, le présent et le futur sont intimement mêlés. Dans certaines conditions de lâcher prise, il est possible de se connecter à ce flux, et je crois que chacun d'entre nous, à des degrés différents, a pu l'expérimenter.

Cette capacité médiumnique à saisir des images ou des informations est d'autant plus facile à comprendre que nous l'avons tous à l'état latent. Quand il m'arrive de l'avoir de temps en temps, je suis toujours le premier surpris. Je me souviens ainsi, lors d'un congrès où j'avais retrouvé un vieil ami, m'être retourné tout à coup vers lui pour lui demander : « Et Timochenko – qui était le ministre de la Défense de Staline et l'un des grands maréchaux de l'Union soviétique –, il est mort, tu crois ? » « Je ne sais pas, me répond-il. » Le lendemain, en achetant le journal, je découvre un gros titre en première page : « Moscou annonce la mort du maréchal Timochenko. » Comme je n'avais aucun lien personnel avec lui et ne m'intéressais pas particulièrement au personnage, le degré de probabilité que cela se produise était presque nul : c'était donc un flash.

Évidemment, un homme moyen n'a de flashes de ce type que très occasionnellement. En fait, dans la vie courante, l'organisme humain fait en sorte que l'on se ferme à ces ressentis. La preuve en est que les sociétés dites primitives, les sociétés archaïques, étaient beaucoup plus ouvertes à cela : c'est le chamanisme. Les chamans sibériens et les sorciers indiens voyaient des choses étonnantes. On disait qu'un Indien, en mettant son oreille contre terre, entendait des bisons qui étaient à trois ou quatre jours de marche. On le voit également dans la grotte de Lascaux, où le chasseur fait corps avec l'animal. Il y avait un rapport plus immédiat à l'intuition, et une vraie culture pour la développer. A contrario, la société humaine telle qu'elle est née de la révolution néolithique, est fondée sur la discursivité et le refoulement de cette intuition. Ce changement s'est opéré pour de bonnes raisons, il nous a permis de nous concentrer sur ce que nous avons trouvé à ce moment-là d'extraordinaire, à savoir la productivité du travail humain, l'agriculture, la stabilité, la sédentarisation, bientôt le mariage en couple… et, pour couronner tout cela, le rationalisme. C'est-à-dire l'idée que la nature est déchiffrable, qu'elle répond à des lois, que ces lois sont parfois mathématiques. Et l'on voit ainsi se dessiner ce qui va devenir le monde dans lequel nous sommes aujourd'hui.

Par conséquent, si nous avons tous un potentiel nous permettant de nous relier à cette partie intuitive qui sommeille en nous, nous sommes en revanche assez inégaux dans notre capacité à l'activer. Il en résulte une grande disparité dans la pratique en termes de qualité, y compris parmi les médiums et voyants dont c'est la spécialité.

Il va sans dire que sur l'échelle de Richter de la médiumnité et de la voyance, mon flash sur Timochenko est au degré zéro, tandis que ceux de Patricia sont à un niveau bien plus élevé. Si la prévision du futur me semble être sujette à caution, il n'en est jamais question avec elle, et ce qui m'a le plus frappé, c'est à quel point elle réussit dans le diagnostic sur le passé.

Le caractère contre-intuitif de beaucoup de ses perceptions historiques n'est pas en soi une confirmation absolue, mais cela augmente considérablement la probabilité d'une vision authentique.

Il y a des preuves flagrantes, comme le bijou évoqué par Napoléon et retrouvé ensuite par ses descendants ; et même lorsque interrogée sur des personnalités de la Résistance comme Pierre Brossolette et Jean Moulin, elle en tire des portraits qui sont tout à faits nouveaux et déconcertants.

Compte tenu de ce qu'on exige des historiens aujourd'hui – et qu'on exige à juste titre – il est hors de question que ceux-ci reconnaissent avoir utilisé la médiumnité. En même temps, cela ne les empêche pas de le faire discrètement, pour recueillir des informations afin de compléter leurs réflexions ou de faciliter leur approche sur certains sujets. Cela n'est pas exhaustif. Un médium ne dira pas à un historien tout ce qu'il peut penser d'une époque, c'est trop complexe. De plus, il ne peut pas faire le travail de l'historien, c'est-à-dire celui de l'interprétation.

De la même façon, une voyante ou un médium sérieux ne peut pas délivrer d'informations sur des événements qui n'étaient pas connus. Elle ne peut pas réinventer les faits ou retrouver la trace de je ne sais quel trésor caché dans la Vallée des rois... Pour ces raisons, elle ne peut répondre qu'indirectement aux demandes de l'historien.

Évidemment, il n'y a pas de critères absolus qui permettent de discriminer le vrai du faux dans ces perceptions. C'est pour cette raison que la médiumnité ne saurait être une source fiable pour l'historien, mais c'est également le cas de beaucoup de documents historiques qui sont contradictoires, parce qu'ils ont servi les intérêts des uns ou des autres à l'époque où ils ont été constitués, et que l'historien se doit de les interpréter avec précaution.

On peut déjà être sûr qu'avec des médiums de la qualité de Patricia, ces perceptions médiumniques existent, qu'elles ne sont pas une fraude et que, de temps en temps, elles permettent d'aller plus vite et plus loin dans l'interprétation historique. Sachant que celle-ci ne peut rendre compte qu'imparfaitement de la réalité des événements.

ARCHÉOLOGIE

Introduction de François Leroy[1]

L'archéologie consiste à étudier les vestiges des sociétés humaines qui ont foulé notre terre avant nous. Le plus souvent, ce qu'on retrouve sur le terrain, ce sont des fossés, des murs de bâtiments, des trous de poteaux... c'est ce qu'on appelle « les vestiges immobiliers ». Mais lorsque l'on fouille un site, on tombe également sur tout ce que l'homme a produit : il peut s'agir de poteries, de bijoux, de pierres taillées, de céramiques, de pièces de monnaie... Ce sont les « vestiges mobiliers ».

Le but de ces fouilles faites sur le terrain est d'analyser tous ces vestiges pour essayer de comprendre qui étaient ces hommes, pourquoi ils se

1. Pour des raisons de confidentialité, l'archéologue François Leroy a souhaité nous livrer ses réflexions et le résultat de certains de ses travaux sous un nom d'emprunt pour rester anonyme.

sont implantés là et comment ils vivaient. Il est donc important de comprendre la fonction des lieux, des aménagements, des bâtiments. Est-ce une occupation religieuse ou laïque ? Ces ruines correspondent-elles aux restes d'une église, d'une ferme, d'une simple habitation, d'un bâtiment annexe de type grange ?

Afin de comprendre qui étaient ces hommes, il est également nécessaire d'étudier leurs pratiques funéraires : il y a dans les tombes le reflet des populations vivantes et de leurs cultures. Croyaient-ils en la résurrection ? Comment enterrait-on les morts suite à une épidémie ou lors de conflits militaires ? Dans l'Antiquité, par exemple, il y a parfois beaucoup de dépôts, d'offrandes, et cela révèle leur croyance en l'au-delà : on retrouve dans les tombes du verre, des céramiques, des restes de vivres pour permettre au mort de se sustenter ; il est habillé et peut avoir une pièce de monnaie dans la bouche ou dans la main pour payer Charon, le passeur qui doit les conduire dans l'autre monde. Chez les Mérovingiens, on retrouve des armes : des haches, des épées, des objets de parure ou d'habillement dont l'origine n'est assurément pas locale… Tous ces objets sont d'une grande utilité pour comprendre qui ils étaient et d'où ils venaient. Avec l'arrivée du christianisme, il y a un changement de mentalités et de croyances, les tombes sont plus simples, trahissant probablement une certaine humilité et, de manière générale, on n'y trouve plus que les ossements des défunts. Il y a donc une évolution. À partir du XIIe siècle, par exemple, les cimetières paroissiaux sont mis en place. Certains morts comme les suicidés, les foudroyés, les pendus, les enfants non baptisés, même les comédiens, à une certaine période… n'ont pas le droit d'être inhumés dans ces cimetières paroissiaux. On les enterrait dans une fosse qui n'était pas consacrée par un prêtre, hors de l'espace funéraire habituel.

En fouillant un site en fonction de l'époque, l'archéologue va donc être amené à se poser certaines questions. Il trouvera des réponses sur le terrain en fouillant différents endroits clés, en réalisant des analyses comme celles faites à l'aide du carbone 14, qui permet de dater les ossements. Nous trouvons également certaines réponses en cherchant dans les archives historiques du lieu, et en comparant notre travail avec les études de collègues sur des sites similaires, ailleurs en France ou en Europe. Malheureusement, l'archéologie ne peut être une science exacte, en ce sens qu'elle a ses limites et que certaines questions restent sans réponses. Il est quelquefois difficile de déterminer si le mur d'un bâtiment que l'on a trouvé était celui d'une grange ou du bâtiment d'habitation d'une exploitation agricole, ou bien encore de savoir pourquoi tel corps à été enterré à tel endroit.

En effet, si l'archéologue a une bonne connaissance de certains vestiges, d'autres lui échappent complètement. L'expérience sur le terrain nous permet de reconnaître sans trop de difficultés une villa romaine, on en connaît les plans, l'organisation, le mobilier. En revanche, ce qui est plus intéressant – et cela est vrai dans tous les domaines de la recherche, d'une manière générale –, c'est de comprendre ce qu'on ne connaît pas, ou peu. Ainsi, notre curiosité est-elle attisée lorsque l'on trouve par exemple un bâtiment qui ne correspond à rien de comparable et de connu : pourquoi ce bâtiment a-t-il une forme étrange, pourquoi est-il isolé, pourquoi sa structure intérieure est telle ? C'est ce sur quoi on bute qui est intéressant. Il y a certains objets dont on ne connaît plus la fonction. C'est le cas, par exemple, dans la période antique, d'un dodécaèdre percé au milieu de chacune de ses faces. Quand bien même certaines théories ont été avancées, nous ne savons pas précisément à quoi il servait.

Il n'est donc pas rare, en archéologie, de trouver lors de fouilles sur le terrain des objets et des structures pour lesquels nous n'avons aucune interprétation.

C'est précisément dans ce contexte, quand l'archéologue a déjà étudié les vestiges d'un site, qu'il a formulé des hypothèses sur certains points difficiles à déterminer, et après qu'il a fait toutes les recherches et analyses nécessaires, que la collaboration avec un médium peut se révéler pertinente. Selon moi, le médium n'intervient pas pour se substituer à ce travail préliminaire de l'archéologue, qui est essentiel, mais pour le compléter ou l'orienter, quand celui-ci est arrivé au bout de ses pistes, qu'il ne peut plus avancer, et qu'il ne peut plus que formuler différentes hypothèses sans pouvoir privilégier l'une d'entre elles.

C'est en procédant par cette méthode que ma collaboration avec Patricia Darré s'est révélée la plus utile. Nous avons testé ensemble une série d'ossements humains trouvés sur divers sites. Pour chacun de ces os, je savais où ils avaient été recueillis, et pour certains d'entre eux, je connaissais la période, le sexe, quelquefois la cause de la mort, ou encore s'il s'agissait d'un adulte ou non. Certains questionnements les concernant subsistaient, et des indices récoltés sur le terrain me permettaient d'avoir en tête quelques hypothèses précises.

Sans rien divulguer de ces informations et de mes hypothèses dans un premier temps, il est alors intéressant de présenter chacun de ces os à

Patricia Darré qui, en les touchant, va percevoir des informations les concernant, et donner une orientation possible pour confirmer ou infirmer certaines pistes.

Comme nous allons le voir, le ressenti du médium est une source d'informations qu'il faut manipuler avec précautions, et qui présente à la fois certains avantages et certains inconvénients.

Introduction de Patricia Darré

L'intérêt d'avoir une expérimentation avec un archéologue, c'est qu'il est toujours intéressant, pour moi, médium, d'allier la matière à la captation. En effet, quand on capte une entité, on est dans l'immatériel, on communique d'esprit à esprit, on transmet les informations que l'on reçoit, mais il n'y a pas de support matériel dans ce processus, et cela peut se révéler un peu frustrant. Dans la lecture que je peux faire d'un os en le tenant dans la main, c'est un peu le contraire : il n'y a pas d'entités présentes, en revanche, il y a ce support bien concret qui est l'os en question et qui me permet d'obtenir les informations qu'il a enregistrées du vivant de la personne à qui il a appartenu. Je pars de la matière pour accéder à l'information qu'elle contient, je rentre ainsi dans un monde d'enregistrements et de mémoires. Celles-ci sont souvent nombreuses et intenses, et comme il n'y a pas d'entités qui parlent ni de conscience qui vient s'exprimer, je peux me déplacer à loisir dans cette mémoire et m'arrêter à différents moments, à différentes périodes.

En touchant ce bout d'os, je ressens d'abord s'il y a une émotion violente, si la personne est morte dans les souffrances d'une maladie, d'une bataille. Ensuite, on ressent très vite le caractère du protagoniste, si c'est quelqu'un de gentil, de triste, de joyeux, de silencieux, de spirituel ou non… et s'il s'agit d'un homme ou d'une femme. Une fois que les grandes lignes sont posées, ce que je visualise mentalement est comme un film, je vois la personne telle qu'elle était physiquement. En fonction de ce que je recherche comme information, je vais donc pouvoir me déplacer à l'intérieur de ce film, je vais avoir les images d'un homme par exemple, et savoir quel métier il exerçait, s'il a commis un crime, s'il était un bon père de famille, un mauvais mari… Je vais ainsi récolter toutes sortes d'informations sur son existence et ressentir également comment il se sentait dans sa position sociale : cela permet souvent de comprendre en partie la logique et la mentalité de son époque.

Quand l'os date d'il y a plusieurs siècles, je suis toujours frappée par ces aperçus de vie qui me montrent que ces personnes étaient comme nous, des humains dont l'existence est traversée de joie, de tristesse ; mais qu'ils étaient en même temps très différents, car ils vivaient avec des valeurs et une mentalité qui paraissent impossibles à adopter aujourd'hui. Cela permet de prendre beaucoup de distance vis-à-vis de notre époque, de comparer et d'observer ce décalage complet. Ce sont des personnes qui ne pourraient être en aucun cas nos contemporains, ils sont trop lointains par la pensée.

La collaboration avec l'archéologue François Leroy est donc précieuse. Je salue son ouverture d'esprit et son intérêt, car beaucoup d'archéologues s'en garderaient. C'est quelqu'un de très affable, de patient, qui a cette curiosité, mais aussi cette rigueur et cette honnêteté de dire quand les informations ne sont pas cohérentes ou ne correspondent pas au but recherché.

C'est une manière pour moi de développer ces possibilités de lecture de la matière et de jeter des ponts entre la médiumnité et la recherche archéologique.

Pendant nos séances de travail, François Leroy est assis face à moi avec son ordinateur. Il me tend un morceau d'os dans un petit sachet en Nylon, qu'il a numéroté afin de lui permettre de retrouver les informations dont il dispose sur cet ossement dans ses fichiers. Je n'ai rien d'autre. Je n'ai aucun indice et je dois trouver l'époque, le lieu et qui était cette personne. Je sors l'os de son sachet et j'essaye à partir de là de me concentrer sur mon ressenti.

L'os est un support vraiment intéressant, d'une richesse incroyable : on tient dans la main l'histoire d'une vie, d'un homme ou d'une femme qui a vécu à une époque quelquefois très reculée, et c'est une vraie émotion de pouvoir la ressentir et d'en revoir les moments forts. C'est chaque fois un voyage fabuleux qui commence.

1

Le vagabond

Patricia : La première chose que j'ai envie de faire en prenant cet os dans la main, c'est de me lever et de marcher ! C'est l'os d'un homme qui a demandé l'aumône de village en village. Il a passé toute sa vie à marcher, ses jambes étaient son moteur pour survivre. Sa mère est morte quand il était petit. Il a été admis à travailler chez des gens. Il a été battu, s'est sauvé et s'est mis à prendre la route. Il est content quand on lui donne un bout de pain, un sou. C'est un vagabond. Il se sent bien et heureux quand il marche. Cela se passe au XIVe siècle ?

François : Pas tout à fait. C'est plus tardif.

Patricia : C'est bizarre, je suis avec lui, mais il n'a pas de vision de la société et de son époque, juste la vision du morceau de pain qu'il va recevoir, de l'eau qu'il va boire. Il ne regarde pas les choses, il ne regarde rien. Il est dans la survie. Je le vois, il est pieds nus, habillé de haillons avec un capuchon qui lui recouvre la tête. Il n'est pas du tout spirituel et veut bien croire à tout ce que tu veux, du moment que tu lui donnes un morceau à manger. Il n'a qu'une chose en tête, marcher, faire l'aumône et trouver un endroit pour dormir.

François : Et quels sont ses derniers moments ?

Patricia : Il attrape la peste… Il a des douleurs terribles et va voir des religieux, mais il est contagieux et ils ne le font pas entrer dans leur établissement. Il va mourir à l'extérieur dans une espèce de fossé. Il a été ramassé et mis sous terre ensuite. Il a eu une vie de chien et il est mort comme un chien !

François : Je n'avais aucune information sur le statut de la personne, mais c'est intéressant, même si je ne peux pas le vérifier. Ce n'est pas impossible au regard de la période, et il y a quelques détails qui collent bien avec ce que je pensais, notamment une mort liée à une épidémie, car l'homme a été retrouvé dans une fosse avec un grand nombre de cadavres. En revanche, au niveau des dates, ce n'est pas très fiable.

Patricia : Oui, en effet, je me trompe souvent. L'os ne me délivre pas de date à proprement parler, mais les mémoires d'une vie. Cela peut donc être très approximatif, car il faut que je déduise l'époque en fonction des indices présents dans les images que je perçois : la manière dont les gens s'habillaient, leurs croyances, l'architecture, les quelques aperçus de la société d'alors… Pour que je sois plus précise, il faut déjà que l'os contienne ces indices, mais il faut également que je puisse les identifier. Or, si je connais peu ou mal la période en question, cela m'est plus difficile. De plus, comme tout un chacun, je vais avoir quelques clichés en tête sur le Moyen Âge, par exemple, mais le Moyen Âge que vont me laisser entrevoir les souvenirs d'une vie que je vais capter dans un os ne va pas forcément correspondre à l'idée que j'en avais. C'est donc tout un apprentissage et une culture qu'il faut désapprendre et se réapproprier.

François : Comme dans cet exemple du vagabond pestiféré, ce qui est intéressant pour moi, en revanche, c'est votre capacité à trouver les causes de la mort : les maladies, les fièvres, les épidémies, la rapidité ou la violence avec laquelle la mort est survenue… Ce sont en effet des informations que je peux parfois vérifier, car il peut en subsister des traces sur les os. Souvent, vous êtes même en mesure de nommer la maladie. C'est un point fort, car il arrive qu'on se demande de quoi est mort l'individu, et cela peut intéresser directement l'archéologue et le site. Cela peut expliquer pourquoi une personne a été isolée et inhumée en dehors du cimetière. Il n'est pas rare également d'avoir des indices montrant que les personnes sont mortes brutalement d'une maladie, sans savoir laquelle exactement. Si le médium ressent, par exemple, qu'il s'agit d'une maladie précise, l'archéologue peut contacter un laboratoire pour faire des analyses et demander une confirmation. Cela peut donner une orientation aux recherches.

2

Le maréchal-ferrant et le copiste

Patricia : D'après ce fragment de cheville, je ressens qu'il s'agit d'un homme mort entre vingt et trente ans d'une sorte de méningite... Je ressens des nausées et des migraines très fortes, c'est ce qu'il a dû avoir avant de mourir.

François : Je n'ai pas d'information sur son sexe, mais c'est un adulte, en effet. De quel milieu social est-il ?

Patricia : Il ne travaille pas la terre. C'est un citadin, il n'est pas intellectuel, c'est un artisan. Il travaille dans les faubourgs de la ville avec son père, au milieu d'un quartier très animé.

François : Ont-ils du bien ?

Patricia : Ils ne sont pas dans le besoin, mais ils n'ont pas l'air d'être riches. Ils ont une espèce de forge avec des fours, et ils travaillent le métal.

François : D'après mes hypothèses, le milieu social ne correspond pas à ce que vous dites. Mais je ne vous en dis pas plus pour l'instant. Essayez cet autre os.

Patricia : Ce nouvel os est celui d'un homme, également. Il a une certaine culture et exerce une activité calme. Il est dans l'écriture, la calligraphie. C'est un moine copiste qui travaille pour une abbaye. Il a moins de trente ans et a de très bons yeux, ce qui fait de lui un excellent scribe. S'il est respecté pour son travail, les membres de sa communauté ne l'apprécient pas tellement. Il y a beaucoup de rivalités, de jalousies, et il fait beaucoup d'histoires. Il est assez fier et un tantinet vaniteux. Il est sérieux, méticuleux, austère et a une grande part de féminité en lui. Il est assez soigné et maniéré. Il est homosexuel. Bien que religieux, il n'a pas une foi très profonde et semble plus intéressé par la calligraphie et les contingences matérielles. Il décède des suites d'une maladie.

François : J'ai choisi celui-ci, car il est inhumé juste à côté de celui que vous identifiez comme étant un forgeron ou un maréchal-ferrant. Ce sont deux tombes proches, datées entre le XIIe et le XIVe siècle, qu'on a retrouvées au centre d'un petit bâtiment – une « chapelle » – et qui est lié à une église de cette abbaye.

Patricia : Oui, je sais… Ils sont frères ! C'est une famille qui a de l'argent. Je comprends… En fait, avec leur forge, ils ont pignon sur rue, ils sont influents. Cela paraît misérable et rustique par rapport à mes repères et à l'image que j'ai du bourgeois, mais pour l'époque, ils devaient être riches. Ce sont des donateurs pour la communauté religieuse du lieu. Le père travaillait avec l'un de ses fils dans la forge et a fait entrer son autre fils dans l'abbaye. C'est parce que sa famille donne de l'argent pour la communauté dans laquelle il travaille que le moine copiste considère qu'il a des droits. C'est de là que vient sa vanité.

François : Se faire inhumer dans une chapelle n'est pas anodin, c'est un lieu important, un espace privilégié. Ce sont des personnes reconnues ; un ouvrier agricole n'aurait pas bénéficié d'un tel traitement. Souvent, c'est un droit que l'on accorde à des figures religieuses importantes de la communauté, à des saints. Cela peut également être une récompense parce que les personnes ont donné de l'argent de leur vivant. Dans ce cas précis, j'avais envisagé soit des supérieurs religieux du monastère, soit des membres bienfaiteurs.

Patricia : D'après mon ressenti et l'histoire que me racontent ces os, ce sont des bienfaiteurs.

François : C'est une indication intéressante, car elle me permet de privilégier l'une de mes deux hypothèses. De même, je remarque que le statut, la fonction, le milieu social dans lequel la personne évolue font partie des informations que vous percevez bien et qui semblent assez fiables. Dans cet exemple précis, si je n'ai aucun indice me permettant de vérifier si la personne était réellement forgeron, la possibilité qu'elle soit une personne assez riche disposant d'une forge conforte le fait qu'elle soit enterrée dans un espace privilégié. Le lieu où l'on retrouve les ossements est important, car dans certains cas, il permet à l'archéologue de disposer d'indices supplémentaires sur la personne. Dans une abbaye, par exemple, il y a parfois un cimetière ou des espaces funéraires réservés aux laïcs, et d'autres réservés aux religieux. Sélectionner un os dans une des tombes du cimetière attribué aux religieux lui permet d'emblée de supposer le milieu social de la personne et, le cas échéant, de tester cette information auprès d'un médium.

Il va sans dire que pour l'archéologue, l'un des inconvénients du recours à la médiumnité est de pouvoir confirmer ou infirmer ce qu'on lui dit. Il est donc important qu'il ait un maximum d'indices et d'informations sur les échantillons qu'il lui présente. Il doit avoir en tête des questions précises les concernant. Autrement, le médium lui racontera une histoire sur laquelle il n'aura ni prise ni contrôle. Ce qui est intéressant, c'est de pouvoir remettre cette histoire dans son contexte. C'est là tout l'intérêt d'une collaboration avec un médium.

Comme on le voit avec l'exemple du moine copiste, vous percevez bien également le degré de foi et de spiritualité de la personne, si elle est animée par une foi profonde en Dieu, ou si celle-ci n'est qu'une croyance d'apparat, de convenance.

Patricia : Oui, en effet, l'os parle énormément : je capte des images, des personnes, leurs douleurs, leurs croyances, leurs émotions, tout ce qui a pu marquer leur existence. Tout y est enregistré, même des siècles après leur mort.

François : Non sans une certaine logique, les rares échantillons que nous avons testés où vous ne perceviez presque aucune information étaient des os de personnes mortes jeunes.

Patricia : Oui, j'ai beaucoup plus d'images qui viennent quand l'os a appartenu à un adulte. L'enfant a moins vécu, il a moins de souvenirs et l'os contient une mémoire très limitée.

François : En tout cas, tout ce qui relève de la psychologie de la personne, de ses émotions, de son caractère ou de certains aspects intimes de sa vie, que vous percevez bien, peut difficilement être confirmé et exploité par l'archéologue, à moins bien sûr que la personne en question soit connue et que l'on puisse en retrouver la trace dans des archives. Je ne peux pas, par exemple, évoquer dans mon rapport la vanité ou l'homosexualité du moine copiste, même si, pour la petite histoire, cela est intéressant. Ce n'est pas utile en soi pour la compréhension du site archéologique où les os ont été retrouvés. D'où la nécessité pour l'archéologue d'avoir au préalable des indices et des informations sur les échantillons pour orienter les questions et replacer dans son contexte les perceptions du médium.

3

L'aristocrate

Patricia : Pour ce morceau de crâne, la première image que je vois est une ferme fortifiée avec une cour centrale et des abreuvoirs. C'est l'une des propriétés d'un homme à qui cet os appartient : il est riche, il a des biens. C'est un bourgeois, ses cheveux sont liés, il porte une perruque. Il est bien habillé et soigné. Ce n'est pas un religieux. Il sait lire, écrire, c'est un citadin. La ferme que je visualise se trouve à côté de la ville.

François : Il a en effet été trouvé en ville.

Patricia : D'après sa perruque, ses habits, je dirais que c'est plus tardif que le Moyen Âge. Peut-être le XVIe ou le XVIIe siècle ?

François : Je n'ai pas de date précise, mais d'après mes indices, il est probable que ce soit en effet vers cette période, et plus probablement durant le XVIIe ou XVIIIe siècle, car le port de la perruque est une mode qui apparaît sous Louis XIII.

Quelles sont les causes de sa mort ?

Patricia : Il est touché par une épidémie. Il est contaminé par une maladie violente, une sorte de peste. Quand il meurt, il a déjà un certain âge : il est marié, a trois fils et a bien mené ses affaires. C'est une famille importante, connue localement. Il n'est pas spirituel, il a la foi car il faut l'avoir, mais il est bien vu par les ecclésiastiques, car il leur donne de l'argent. C'est un homme influent. À son enterrement, il a une belle tombe.

François : Et où se trouve sa tombe ? Dans un cimetière ? Une église ?

Patricia : Je la visualise dans un bâtiment séparé… La communauté religieuse qui va s'occuper de son corps est désemparée, car elle a envie de lui rendre hommage, mais il meurt contagieux, et pour ne pas prendre de risque, il est enterré dans une chapelle à part.

François : Le problème, c'est que je n'ai pas trouvé sa tombe. En fait, je n'ai retrouvé que son crâne, et il n'était ni dans une église ni dans une chapelle. La question qui se pose est pourquoi ce crâne n'était-il pas avec le reste de son squelette ? Quelque chose a dû se passer après sa mort.

Patricia : C'était un bourgeois, ou plutôt un aristocrate. On est au XVIe ou XVIIe siècle, la Révolution va arriver ensuite… C'est bizarre… On prend sa tête et on la jette dans une fosse avec d'autres ?

François : Oui, c'est cela.

Patricia : Lui est mort d'une épidémie. Il a été enterré religieusement avec une tombe spéciale. Mais au moment de la Révolution, ils ont été plusieurs à casser son tombeau, ils lui ont coupé la tête et l'ont jetée avec d'autres têtes d'aristocrates dans une fosse. C'est un acte de haine, de vengeance.

François : En fait, on a pensé initialement à des crânes trophées acquis durant les guerres de Religion. À cette période, les exactions ont été effroyables, et cela des deux côtés, catholiques et protestants. Mais je n'avais pas pensé à la Révolution française, où des tombes ont également été pillées et détruites, et où le vol du crâne peut apparaître comme un acte fort – on coupe des têtes !

C'est une hypothèse intéressante, qui mérite que l'on aille voir dans les archives de Nantes si des exactions sur certaines tombes ont été consignées. Même si la Révolution française est une période de troubles, il n'est pas impossible que des religieux aient noté : « On nous a pillé tel tombeau. » Il est utile pour un archéologue d'avoir ainsi une piste nouvelle à laquelle il n'avait pas pensé. Il faut alors retourner sur le terrain ou dans les archives, pour chercher des éléments qui confirment ou écartent l'hypothèse proposée par le médium. Si l'on ne trouve pas de preuves, il faut livrer les différentes hypothèses possibles, en espérant que d'autres, avec des outils et des méthodes nouvelles, soient en mesure un jour de trancher.

L'exemple de cet échantillon montre en tout cas que l'archéologue, dans son travail avec un médium, peut être amené quelquefois, sans lui livrer son hypothèse, à le rediriger et le guider. En lui redonnant un cadre ou certains éléments secondaires, cela peut permettre au médium de ne pas s'égarer et de repartir sur la bonne voie.

Conclusion de François Leroy

Même si, comme nous l'avons vu, une collaboration ciblée et ponctuelle avec un médium dans la recherche archéologique semble bénéfique et présente un potentiel non négligeable, il est très difficile dans le milieu scientifique actuel de la faire accepter. Pour un archéologue, dire qu'il travaille avec un médium, c'est prendre le risque de ne plus être crédible et de freiner sa carrière. Le scepticisme reste le maître mot dans ce milieu. C'est la raison pour laquelle je ne révèle pas ici mon identité. Mais je crois qu'il est important de faire savoir – et c'est ce que je fais, grâce à Patricia –, que la médiumnité constitue un outil complémentaire et intéressant pour l'archéologie, en plus des outils classiques dont elle dispose. Cela mérite d'être testé et étudié.

Si demain l'on devait admettre la médiumnité comme une source exploitable, le risque serait bien évidemment de voir se présenter dans nos équipes une foule de gens incompétents, pour ne pas dire des charlatans, qui ne feraient qu'agrandir le fossé entre la vérité historique et nous. Pour éviter cela, il faudrait s'assurer en premier lieu de la fiabilité des médiums en les testant avec des échantillons dont on connaît parfaitement l'histoire et l'origine. Il s'agirait d'une sorte de calibration, comme ce qui est pratiqué par les laboratoires C14, qui testent leurs machines en analysant un fragment d'objet dont la datation est parfaitement connue. Ils vérifient ainsi que les résultats obtenus sont conformes à la réalité. Pour l'archéologie, cela pourrait être la même chose : une fois que l'on s'est assuré que le médium a un bon ressenti, je ne vois pas ce qui nous empêcherait, dans un futur hypothétique, de l'intégrer dans nos équipes de travail.

Il n'est peut-être pas si déraisonnable de penser que, dans quelques dizaines d'années, nous aurons des spécialistes médiums comme aujourd'hui nous pouvons avoir des spécialistes en céramiques. Cela ne se fera pas du jour au lendemain, mais je pense qu'avec une sélection et un protocole rigoureux, ce sera même souhaitable, car c'est sûrement dans la diversité et la complémentarité des méthodes que l'on peut avancer.

Depuis vingt ans, l'archéologie a fait d'énormes progrès, à la faveur d'une multiplication très importante des opérations de fouilles et de diagnostics. Ces interventions ont amené de nouvelles données qui nous ont permis de corriger certains préjugés (non, les Gaulois ne vivaient pas dans des huttes !) et de disposer d'outils nouveaux pour élargir notre champ de prospection et trouver de nouvelles réponses.

La médiumnité pourrait tout à fait s'inscrire dans cette dynamique. Il est intéressant, d'ailleurs, de noter que les services de police, dans certains pays comme les États-Unis, ont recours aux médiums pour aider ou orienter certaines de leurs enquêtes. Or l'archéologue, tout comme un enquêteur de police, collecte des indices sur le terrain, effectue des analyses sur des échantillons et essaye en recoupant les informations de reconstituer des faits passés et de connaître la vérité. Si la police fait appel aux médiums, pourquoi l'archéologie ne le pourrait-elle pas ?

PSYCHOLOGIE

Introduction de Luce Janin Devillars

La psychanalyse est une des branches de la psychologie. Il en existe d'autres. Comme les thérapies comportementales où le thérapeute travaille à réduire un symptôme précis (la phobie de l'avion, par exemple) dans un délai court, mais sans se demander forcément où est l'origine du symptôme. Il n'est pas dans le « pourquoi » de ce qui a provoqué cela, mais plutôt dans un « pour quoi », en deux mots, soit : à quoi le symptôme sert-il ? Avec la psychanalyse, nous sommes dans le secret des origines. Ce qui constitue les fondements des troubles, des difficultés, des souffrances rencontrées aujourd'hui. Il est possible et quelquefois nécessaire de l'associer à d'autres approches complémentaires, comme celle de la psychogénéalogie, par exemple, qui se propose de remonter l'histoire familiale sur plusieurs générations afin de trouver la cause première des symptômes.

Dans ce cadre, tout psychanalyste peut recevoir des informations étranges, avoir des intuitions, des fulgurances qui ne sont pas sans rapport avec la médiumnité. Cela dépend de la personnalité du thérapeute, de sa sensibilité, de sa capacité à se laisser porter par ce qui vient de son inconscient, même si cela lui paraît incongru sur le moment.

J'ai, par exemple, reçu une patiente qui était encore énurétique – elle souffrait d'incontinence urinaire – à vingt ans. Elle était sportive et active, mais devait se déplacer avec des couches. Les examens médicaux n'avaient montré aucune anomalie. Au bout de six mois de cure, je lui demande, sans raison apparente : « Vous dormiez dans un lit à barreaux, étant petite ? » Elle s'effondre et me répond : « Oui, jusqu'à cinq ans, car j'étais une enfant turbulente et ma mère, anxieuse, m'interdisait ainsi d'en sortir. De peur de me faire gronder, je me retenais le plus possible, mais en général, je faisais pipi au lit. » Après cette séance, l'énurésie a complètement cessé.

Mon intérêt pour la psychologie transpersonnelle, qui s'intéresse aux états modifiés de conscience, à « ce qui est au-delà de l'ego », selon les termes de Stan Grof, l'un de ses fondateurs, ne date pas du moment où je suis devenue psychanalyste. Très tôt, j'ai ressenti des intuitions (faire ceci, ne pas faire cela), j'ai eu des visions et même vécu des phénomènes de clairvoyance. J'étais jeune, inexpérimentée, et ces phénomènes me faisaient peur. Je suis allée consulter un sophrologue, le docteur Jacques Donnars, qui m'a rassurée et expliqué que je ne souffrais d'aucun trouble psychique ; et qu'il s'agissait seulement d'expériences inhabituelles dans le monde ordinaire de la pensée occidentale. J'ai suivi sa formation pendant deux ans, et il m'a ouvert à d'autres modes de réflexion tels que le bouddhisme et le tarot – non dans la perspective de lire l'avenir, mais comme un outil de réflexion sur soi-même et sur les autres, à l'instar d'un Alejandro Jodorowski. Avec Donnars, j'ai découvert la sophrologie, une méthode de travail personnel fondée sur la respiration. Elle permet l'accès à des états de conscience modifiée où, précisément, il est possible de percevoir des images, des sons, des explications que des méthodes plus classiques de communication ne permettent pas. Par la suite, j'ai fait des études universitaires qui m'ont éloignée de ces pratiques. Je n'y croyais plus. Je m'accrochais à ce qui est pragmatique et rationnel. Mais peu à peu, en recevant des patients, je me suis retrouvée confrontée en leur présence à des sensations et des images qu'ils n'avaient pas racontées. Dans ma vie personnelle, ces informations, ces images venues d'on ne sait où, sont réapparues également. J'ai donc fini par accepter cette réalité-là, et j'ai commencé à me documenter sur la question et à faire des stages. J'ai travaillé avec le psychanalyste Didier Dumas, et me suis familiarisée notamment avec le concept des fantômes généalogiques : ces morts non enterrés dans la psyché de leurs proches, et qui continuent à hanter les générations suivantes.

Par la suite, je me suis formée au chamanisme, ainsi qu'à la respiration holotropique, une technique de respiration rapide provoquant une hyperventilation qui favorise la résurgence d'images enfouies au plus profond de notre inconscient. Il ne s'agissait pas pour moi d'utiliser tous ces outils avec mes patients – je reste fondamentalement une psychanalyste qui ne travaille qu'avec la parole – mais de développer ma propre sensibilité, de considérer mes intuitions, mes « flashes » comme des outils ordinaires venant d'une conscience beaucoup plus vaste que la mienne.

Toutes ces formations, effectuées à titre personnel, ont évidemment développé ma relation à l'invisible, mon sentiment que le réel n'est pas seulement ce que nous croyons voir, ce que nous pouvons toucher ou ce que nous entendons rationnellement avec nos yeux, nos oreilles ou notre peau.

Je crois que la médiumnité est prise dans ce réseau de sensations informatives qui traverse tout le monde, à condition d'y être attentif. Au cours de mes propres investigations et formations, j'ai rencontré de nombreuses personnes qui avaient travaillé cette capacité à regarder et à sentir autrement : des chamans, des voyants, mais aussi des médecins, des soignants, qui n'en faisaient pas profession, mais l'utilisaient dans leur pratique ou, plus banalement, l'acceptaient comme une des données de la « réalité élargie ». Ma rencontre avec Patricia s'inscrit dans ce cadre. Nous avions le même éditeur, on nous a présentées, et j'ai senti qu'il s'agissait de quelqu'un « d'inspiré », même si je n'avais jamais eu de raison de la consulter.

Introduction de Patricia Darré

Il y a vingt ans, quand j'ai commencé à développer mes capacités médiumniques, je suis allée consulter très rapidement un psychiatre pour savoir s'il existait une explication autre que celle du paranormal, et si cela n'était pas dû à mon état psychologique et physique du moment. J'ai été rassurée de savoir que d'après lui, je n'étais pas atteinte de schizophrénie ou d'une autre maladie, mais que j'étais ce qu'on appelle un médium.

Par la suite, en développant cette capacité, en allant sur le terrain et en aidant les autres, je me suis rendu compte qu'il y avait des liens étroits entre certains phénomènes paranormaux et la psychologie de ceux qui disaient en voir ou en être les victimes.

J'ai ainsi appris qu'il fallait en premier lieu chercher dans le rationnel et l'état psychologique des personnes, avant de pousser mes investigations sur les problèmes paranormaux qu'elles rencontrent. En effet, si quelqu'un vient me voir et me dit, par exemple « j'ai des attaques d'entités dans ma maison », je vais tout d'abord lui poser des questions pour savoir si, indépendamment de ce problème spécifique, il traverse des difficultés, s'il a des soucis, car c'est son état psychologique qui va déterminer son rapport à sa maison et au fait qu'il se sente attaqué ou en confiance.

C'est parce que j'ai toujours constaté que les domaines du psychologique et du paranormal étaient proches que j'ai trouvé intéressant d'en discuter avec une spécialiste. C'est la raison pour laquelle j'ai rencontré Luce Janin Devillars, qui a une approche ouverte sur ces questions, qui s'est intéressée à la psychologie transpersonnelle et à bien d'autres sujets, comme en particulier le chamanisme et l'hypnose.

1

Hystérie et phénomènes paranormaux

Patricia : La première chose que je voudrais aborder, c'est la question des manifestations paranormales. Dans les maisons hantées, par exemple, il y a ce qu'on appelle des phénomènes de Poltergeist, c'est-à-dire que les habitants entendent des coups, des bruits inexpliqués, voient des objets apparaître, disparaître ou se mouvoir sans raison… Pour être allée souvent dans ce genre d'endroits, ce que j'observe en premier, ce ne sont pas les fantômes, mais bien les occupants vivants de la maison. Je me pose toujours la question suivante : « Où est l'hystérie ? » En effet, si en tant que médium je peux constater qu'il y a bel et bien des entités qui causent des troubles et perturbent la tranquillité du lieu, j'ai noté qu'il y a toujours un lien direct entre ces manifestations étranges et l'hystérie féminine de ses occupants. Un exemple historique connu est celui des sœurs Fox aux États-Unis qui popularisa ces phénomènes et fit naître un intérêt pour le spiritisme dans toute la deuxième moitié du XIXe siècle. Plus près de nous, on peut citer par exemple le film *The Conjuring*, inspiré de faits réels survenus dans les années 1970. Il met en scène un couple de médiums aux États-Unis, qui a travaillé sur une maison hantée dans laquelle vivaient une mère et ses cinq filles… Le père, camionneur, ne rentrait que le week-end. La vie dans la maison était devenue insupportable, tant les manifestations se faisaient nombreuses, les entités se matérialisant, les meubles bougeant, etc.

Ce qui me frappe dans ces exemples, comme dans la plupart des cas que j'ai pu observer sur le terrain, c'est qu'il s'agit toujours de mères de famille vivant avec leurs filles, de sœurs, de veuves, de vieilles filles… Le père ou le mari est souvent absent, parti ou mort, et quand il est présent, il est presque toujours effacé, sans grande force de caractère. Les manifestations paranormales prennent place dans un univers typiquement féminin, et me semblent liées à l'hystérie.

En tant que psychologue et psychanalyste, comment définissez-vous précisément l'hystérie, et ce lien entre l'hystérie féminine et les manifestations paranormales vous paraît-il plausible ?

Luce : Si vous faites un pont entre hystérie et manifestation de hantise, il est normal qu'il y ait beaucoup de femmes, car la plupart ont une structure psychique hystérique.

L'hystérie est une dénomination qui nous vient d'un médecin de l'Antiquité, Hippocrate. Elle n'est pas un concept biologique. C'est un mot valise qui tente de rassembler des comportements, des attitudes, une certaine manière de vivre et de penser, un rapport au monde. Hippocrate forge le mot à partir de celui d'« utérus ». Il essaie de sortir la médecine de la magie. On croit alors que la maladie est une réponse des dieux lorsqu'ils ont été offensés. Hippocrate va donc se demander ce qui constitue une différence dans la façon dont les troubles de ses patients se manifestent. Et une différence lui apparaît, celle du sexe. Selon lui, les femmes sont plus soumises à leurs humeurs et développent des pathologies à partir d'elles.

Pourtant, avec le regard de la psychanalyse et non celui de la psychiatrie, cette structure hystérique n'est pas une pathologie, c'est une cartographie mentale, une sorte de carte d'identité psychologique qui définit chacun d'entre nous. Or la plupart des hommes ont une structure obsessionnelle et la plupart des femmes une structure hystérique. Ce qui conditionne ces structures, ce ne sont pas nos gènes, mais la culture, la manière dont les uns et les autres sont éduqués. Même si, aujourd'hui, le monde a changé, si l'éducation des filles et des garçons tend à s'unifier, il reste encore beaucoup de conventions, de formalisme dans la manière d'élever les enfants. On les éduque encore de manière sexuée. Aux petites filles la douceur, la sensibilité, l'émotion, le droit d'exprimer leurs sentiments, la coquetterie, la parure et les comportements qui vont avec, comme la séduction, les larmes, les crises de nerfs… Aux petits garçons la force, l'énergie, l'autorité, la violence, les comportements brutaux, l'interdiction de pleurer, de se montrer trop sensible au risque de passer pour des « fillettes ». C'est notamment à partir de ces critères que sont définies les structures. Un homme obsessionnel (et beaucoup moins souvent une femme, car il en existe peu) sera dans l'économie des sentiments, des émotions. Il exprimera peu ses ressentis. Engagé dans le concret, le rationnel, il aura moins d'échanges avec le subtil, l'étrange, l'irrationnel, les perceptions extra-sensorielles.

A contrario, les femmes seront plus sensibles à l'inconnu, à l'inconnaissable, à tout ce qui ne peut pas se déterminer de façon « carrée », ordonnée, au mystère, aux rêves prémonitoires, aux visions, bref, à toutes les perceptions qui ne relèvent pas de notre univers matériel.

Patricia : C'est pour cela, en général, qu'il y a beaucoup moins d'hommes liés aux phénomènes paranormaux. Quand c'est le cas, ce sont des hommes qui ont une tendance très féminine, et c'est beaucoup moins flagrant ou ce n'est pas ressenti exactement de la même façon. Pour moi, cela reste très lié à l'hystérie, c'est l'hystérie qui guide la sensibilité.

Les femmes impliquées dans ces phénomènes paranormaux, bien qu'ayant des fragilités, sont plutôt dotées d'un caractère fort et dominant. Celles que j'ai pu observer mènent leur monde, sont des chefs de famille décidées et hystériques. Je pense que les entités recherchent des gens assez déterminés, et dont l'énergie est suffisante pour leur permettre de se manifester.

Par ailleurs, si l'hystérie constitue un potentiel énergétique fort pour les entités, elle est aussi très liée à l'énergie sexuelle de la personne. Les adolescents, par exemple, qui sont en plein bouleversement hormonal, font partie des profils typiques que l'on retrouve souvent dans les lieux hantés. Ils débordent d'énergie sexuelle, et pour peu qu'ils aient une tendance un peu hystérique, ils vont permettre aux entités de se manifester. Il y a donc selon moi comme une co-création dans tous ces phénomènes, ils sont la rencontre entre une personne bien vivante et hystérique avec une réserve d'énergie sexuelle importante d'une part, et la présence réelle d'entités d'autre part. C'est la raison pour laquelle il suffit que cette personne quitte les lieux pour que les manifestations s'arrêtent. Au XIXe siècle, de nombreuses histoires de télékinésie, de lévitation, de matérialisation ont défrayé la chronique. Je me souviens en avoir lu une qui se passait dans un hôpital psychiatrique, où il y avait ce qu'on appelle des « pluies de pierre » : les malades se plaignaient de recevoir une pluie de petits cailloux provenant, semblait-il, de nulle part. Le phénomène s'était arrêté soudainement après que l'une des patientes, une jeune femme, était partie.

Ce qui est vrai pour les manifestations paranormales dans les lieux hantés se vérifie également chez les personnes qui ont la capacité d'entrer en contact avec des entités. Je pense qu'il y a chez les médiums une grande part d'hystérie, avec une réserve d'énergie sexuelle utilisée pour pouvoir se connecter avec l'au-delà. C'est donc tout d'abord une énergie féminine, et force est de constater que la grande majorité des médiums sont des femmes. Je suis la première concernée, et j'admets volontiers qu'il y a en moi une part d'énergie hystérique qui a une incidence directe sur ma capacité à capter et ressentir.

Il y a bien sûr des hommes médiums, mais bien souvent ils sont dotés d'une forte sensibilité féminine. J'ai constaté également parmi les femmes médiums qu'il y a plus de veuves ou de vieilles filles que de femmes mariées avec cinq enfants. Elles sont d'autant plus aptes à développer leurs capacités médiumniques qu'elles ont une sensibilité hystérique et vivent dans une totale abstinence sexuelle. Cela ne va pas sans rappeler certaines mystiques religieuses – qui ont fait vœu de chasteté – à qui l'on attribue certaines capacités surnaturelles telles que la lévitation, les visions ou les apparitions…

En tout cas, c'est cette même énergie hystérique que l'on retrouve à la fois chez les médiums et chez les personnes qui sont témoins de phénomènes paranormaux dans une maison hantée. Dans ce dernier cas, l'exemple type auquel je suis confrontée sur le terrain est celui d'une mère et sa fille qui commencent à entendre des bruits étranges dans leur maison. Puis les manifestations montent en puissance à mesure que le temps passe : il y a comme des bruits de pas au début, des coups dans la tuyauterie, puis dans les murs… Souvent, quand j'interviens, les femmes en question ont très peur, elles ont des crises de larmes et sont au paroxysme de l'hystérie.

Luce : Quand Freud, avec Breuer, avec Fliess – qui fut son analyste par courrier interposé, ils se sont écrits des centaines de lettres avant de se fâcher – élabore le concept psychanalytique d'hystérie, il considère en effet que l'énergie, ce qu'il appelle la libido, provient d'un manque en termes de sexualité. Nombre de ses patientes sont des femmes de la bonne société viennoise ou étrangère, qui vivent leurs relations au sexe comme il convient de les vivre à l'époque. Une femme se marie avec un homme pour qui elle représente d'abord une surface sociale – tenir une maison, savoir recevoir – et la capacité de lui donner au moins un héritier, un garçon qui reprendra le modèle paternel. Le plaisir, dans cette configuration culturelle, tient peu de place. Ce n'est pas avec sa femme que l'homme « victorien » jouit, mais avec des maîtresses. D'où la frustration de ces patientes. D'autant qu'elles arrivent vierges au mariage, avec une éducation dont le sexe est absent. Au mieux, c'est un devoir, au pire, c'est dégoûtant. Les femmes modernes ont depuis assez longtemps, disons après 1968, eu accès au plaisir. Celui-ci n'est plus tabou, au contraire c'est presque devenu une obligation. Cependant, si un certain nombre de femmes y ont accès, il faut reconnaître à partir de cas clinique que le plaisir, l'orgasme des femmes, hystériques la plupart du temps, n'est pas si souvent au rendez-vous. Pourquoi ? Parce que ce n'est pas parce qu'un plaisir est autorisé qu'il survient. Les femmes sont façonnées par des siècles d'éducation qui leur reconnaissaient surtout une place domestique et génésique. En outre, la structure hystérique est traversée par une question de base : « Suis-je un homme ou une femme ? » Dans ces conditions, la jouissance devient embarrassante. « Comment dois-je éprouver du plaisir, comme une femme ou comme un homme ? »

Quant à moi, je pense que l'énergie est neutre. Je suis plus proche de Carl Gustav Jung, qui considérait que la question de la libido de Freud ne répondait pas à tout, n'expliquait pas tout. Une énergie neutre ne constitue donc pas une « énergie de compensation ». J'ai rencontré des médiums des deux sexes qui étaient mariés, avaient des enfants. Au départ de la vie, nous sommes tous, selon l'expression freudienne, des « pervers polymorphes ». Notre désir peut se poser sur n'importe qui, un homme, une femme, le père, la mère – le fameux Œdipe –, un objet, une situation. C'est le cas des pervers, dont le désir se fixe sur un scénario – ne faire l'amour que sur une couverture en fourrure comme Sacher-Masoch – ou avec une femme qui porte une guêpière et des talons aiguilles de vingt centimètres. À partir du moment où l'énergie est neutre, chacun « choisit », avec son histoire actuelle et familiale, de l'engager dans une direction ou dans une autre.

En même temps, comme vous, je constate dans la pratique de mon métier que les femmes sont plus ouvertes à certains ressentis extrasensoriels. Je pense que nous sommes élevées, éduquées avec à la fois plus de contraintes et plus de liberté.

J'ai eu ainsi une patiente à qui il arrivait quelquefois pendant la consultation de faire de l'écriture automatique : elle écrivait à toute vitesse ce qui se révélait a posteriori comme des souvenirs datant des premières années de sa vie – dont elle ne se souvenait absolument pas consciemment. Ou bien ce qu'elle écrivait lui permettait de comprendre immédiatement une difficulté sur laquelle elle avait buté des années avant de commencer sa psychanalyse. De même, dans les stages de développement personnel fondés sur le souffle – avec des exercices de sophrologie, de méditation ou de respiration holotropique, par exemple –, j'ai noté que ce sont les personnalités hystériques, et le plus souvent des femmes, qui réagissent de manière spectaculaire, ont des visions, entendent des voix ou se sentent « habitées ». Tandis que les structures obsessionnelles, plutôt masculines, plutôt bétonnées, caparaçonnées, vont montrer peu de manifestations de ce genre, ou alors cela prendra plus de temps.

La psychiatrie du XIXe siècle a forgé les concepts d'hystérie et d'obsession pour définir des façons d'être et de faire. L'homme, plutôt obsessionnel, veut être aimé pour ses œuvres : qu'il fabrique des boulons, la tour Eiffel ou Dieu sait quoi, il construit son mausolée de son vivant ; il est assez fermé, assez froid et psycho-rigide.

La métaphore de l'organisation obsessionnelle, si vous faites une photo de groupe, en hauteur, se sont les « hommes en gris » à la Défense quand ils sortent de leurs bureaux. Une masse uniforme vêtue de gris, de beige ou de bleu marine, des costumes presque tous identiques, un attaché-case, une coupe de cheveux courte. Bien entendu ce n'est qu'une image, parmi eux il y a aussi des hommes hystériques qui ont adopté la tenue de circonstance.

Ce que nous, psychanalystes, constatons aujourd'hui est qu'il y a de plus en plus d'hommes hystériques. Comme je le disais, la structure psychique n'est pas une définition biologique. C'est une façon d'être qui se construit à partir de l'éducation, des modèles de société et des valeurs familiales. Or il est patent que la culture féminine, le modèle féminin du souci de soi, mais aussi de la sensibilité, de la valeur accordée à l'expression des émotions façonne largement, depuis les années 1960, l'éducation des petits garçons comme des petites filles. Le nombre de familles monoparentales, où le seul parent est la mère, a aussi augmenté. Cela construit des hommes qui sont beaucoup plus dans le paraître, l'extériorité, la parade, le dévoilement, le « je me mets en exposition ».

La femme hystérique, elle, veut être aimée pour elle : pour sa beauté, son intelligence, pour ses livres si elle est écrivain, pour la perfection de ses robes si elle est styliste… À travers ses livres, toutes ses productions, ce qu'elle vise, ce n'est pas la reconnaissance de l'œuvre mais d'elle-même. Du coup, en termes de créativité, d'orientation, on va retrouver chez les hystériques des deux sexes une grande labilité professionnelle, une pluralité de création, la capacité de passer facilement d'un sujet à un autre, d'une thématique à une autre. Car ce qui compte, ce n'est pas le chef-d'œuvre lui-même, mais celui ou celle qui l'a conçu. Au contraire de l'obsessionnel qui se retranche derrière son œuvre, qui peut fuir les médias s'il est reconnu. Nous désirons tous être aimés, mais dans l'hystérie, il s'agit d'une personne qui veut être aimée pour elle-même, et ce n'est pas tout à fait la même chose que d'être aimé pour ce qu'on fait.

L'hystérie est la langue de base de l'être humain. L'organisation obsessionnelle, c'est un peu comme un patois. Cette langue première est différente en fonction des époques : sous Freud et avec Charcot, certains hystériques se tiennent en arc de cercle, renversés en arrière, reposant sur la tête et la pointe des pieds, quasiment en lévitation dans une posture difficile à réaliser normalement, destinée inconsciemment à théâtraliser leur désir et leur malaise.

À cette époque, les femmes hystériques sont alors nommées des « femmes à vapeur », parce qu'elles portent un corset qui les contraint physiquement, les étouffe et entraîne souvent des malaises vagaux dès qu'elles éprouvent une émotion. Maintenues sous la dépendance par les hommes, elles ont souvent peur de tout, elles sont dans une extrême fragilité émotionnelle. Dès qu'elles repèrent quelque chose d'inquiétant, elles crient, s'effarouchent et, souvent, s'évanouissent. Cette hystérie-là, très extériorisée et quelquefois spectaculaire, a complètement disparu aujourd'hui, où nous avons des femmes qui travaillent, qui ont des responsabilités. Mais cela ne change pas forcément certains points de la structure de base qui se caractérise par beaucoup d'extraversion, une capacité à se relier à ses émotions, une très grande sensibilité, une labilité de l'humeur, une possibilité de se mettre très vite en colère ou d'être rapidement triste, un besoin de paraître, de séduire, une forme de théâtralisation qui traverse toute l'existence.

De nos jours, on retrouve de nouvelles formes d'hystérie dans les émissions de téléréalité, par exemple. Comment mettre en exposition son histoire, sa femme, son mari, ses amours, ses préférences sexuelles… On la retrouve également sur Facebook : on peut y exposer n'importe lesquels de ses textes ou de ses photos sur les sujets les plus intimes. Voilà quelques-uns des aspects qu'elle peut prendre aujourd'hui. Et dans le champ qui est le vôtre, l'hystérie peut encore ouvrir à une sensibilité aiguë qui va permettre d'attraper, de capter, de polariser toutes sortes d'informations, de signes qui circulent et qu'on ne voit pas spontanément.

Cependant, il est illusoire de penser que toutes les personnalités hystériques sont enclines à vivre des phénomènes paranormaux ou que seuls les états hystériques en sont à l'origine. Il existe aussi des personnalités psychotiques, c'est-à-dire qui présentent des troubles graves de la personnalité, où des délires de possession, des visions, des hallucinations auditives se produisent. Chaque diocèse compte un prêtre exorciste chargé de répondre à des demandes de gens qui se plaignent de ce type de manifestations. J'en ai rencontré, car j'ai travaillé une dizaine d'années pour l'ordre hospitalier de Saint-Jean-de-Dieu, dont je présidais en particulier le comité d'éthique. L'ordre, présent presque partout dans le monde, accueille des personnes qui souffrent de troubles psychiatriques, des handicapés et des individus en déshérence. La plupart du temps, les prêtres exorcistes renvoient les personnes qu'ils reçoivent vers des structures de soins. Et, plus rarement, ils pratiquent un exorcisme. Cependant, cela ne signifie pas que les personnes en difficulté relèvent toutes de la psychiatrie. Pour ces prêtres, qui sont débordés par les demandes, se pose la question du discernement. Autrement dit, qu'il s'agisse d'un prêtre, d'un psychologue ou d'un psychiatre, il est toujours difficile d'évaluer de manière absolue si nous

nous trouvons en présence d'une pathologie ou d'une expression différente de la réalité.

Patricia : En effet, la frontière entre les symptômes que l'on vous décrit et ceux que l'on me décrit est souvent mince. Peut-être, d'ailleurs, avez-vous eu des cas qui relevaient du paranormal, que vous n'avez pas su discerner, et peut-être ai-je eu affaire à des personnes atteintes de troubles de la personnalité que je n'ai pas su reconnaître. Les pouvoirs de l'esprit sont multiples, et l'esprit humain est tellement complexe que l'on ne sait pas toujours où cela commence et où cela finit. C'est aussi pour cela qu'il me paraît important de dire que d'après mon expérience, l'hystérie me semble être un vivier dans lequel le paranormal va venir puiser son énergie pour pouvoir se manifester.

2

Le fantôme révélateur d'une souffrance ou d'un déséquilibre psychologique

Patricia : Il y a un autre facteur que j'ai noté, concernant les manifestations paranormales dans une maison, c'est qu'elles sont souvent la cristallisation d'une souffrance psychologique de l'un des membres de la famille qui y habite. L'adolescente en mal existentiel en est un cas récurrent. Je me souviens ainsi de l'exemple d'une dame qui un jour m'appelle et me dit : « Nous avons construit une maison il y a dix ans. Ma fille de quatorze ans développe des possibilités qui sont extrêmement nuisibles. Sa chambre est devenue pestilentielle, mais cette odeur ne vient de nulle part. Il y a des portes qui claquent, son lit se retourne. Maintenant, elle dort avec nous, parce qu'elle ne peut plus gérer ces phénomènes qui n'arrivent que dans sa chambre. » En parlant à l'adolescente, je ressens immédiatement – je ne sais ni comment ni pourquoi – qu'elle a été la victime d'un viol. Sa mère me confirme en effet que sa fille s'est fait violer par un membre de la famille quelques années auparavant, mais que personne n'en parle plus. Je lui conseille fortement de l'emmener voir un psychologue avant toute chose. C'est ce qu'elle a fait, et trois mois plus tard, l'adolescente avait pu expliquer à un professionnel ce qu'elle avait subi, et tous les phénomènes paranormaux s'étaient arrêtés. Ce que j'ai découvert, c'est que ces derniers peuvent être provoqués par une souffrance non exprimée. Comme si la personne appelait des entités prêtes à empoisonner la vie de tout le monde, mais à qui on peut transférer la souffrance muette, celle qu'on ne peut pas – ou qu'il est interdit d'exprimer. Cela revient à dire : « Il faut qu'on m'écoute ! Écoutez-moi ! » Je voulais savoir si, selon vous, il est possible qu'un drame de ce genre chez une adolescente – chez une personne avec une capacité hystérique assez importante – déclenche de tels phénomènes ? Y a-t-il des faits en psychologie qui peuvent être assimilés à cela ?

Luce : Je n'ai pas d'expérience pratique avérée de ce genre de phénomènes. Ce que je sais c'est que dans l'hystérie, quand une souffrance, un stress n'ont pu être exprimés, on peut souvent voir se mettre en place ce qu'on appelle une « hystérie de conversion », autrement dit une action de l'esprit sur le corps, un malaise, une maladie. L'esprit produit généralement des troubles « fonctionnels », c'est-à-dire que lorsqu'un médecin fait des investigations, des radios, un scanner, il ne trouve rien, mais il n'empêche que le patient, lui, souffre vraiment. Et la localisation de la souffrance physique va se loger dans ce qu'on appelle le « terrain » en médecine, c'est-à-dire des lieux du corps privilégiés qui constituent des zones de fragilité : fragilité pulmonaire, abdominale, etc. Mais il peut également y avoir des troubles « somatiques » quand le corps est atteint, où l'on peut constater des lésions.

C'est Freud qui évoque cette hystérie de conversion en montrant comment un conflit psychique peut se transformer en un symptôme physique. En faisant un parallèle avec ce que vous racontez, on peut imaginer que, de la même façon, une souffrance refoulée, plutôt que de se convertir en une douleur physique, va trouver le moyen de s'exprimer par le biais de manifestations paranormales. Cependant, je suis persuadée que la notion d'hystérie ne peut pas répondre à toutes les manifestations extraordinaires. Le nombre de personnalités hystériques est tellement important que nous devrions constater encore plus de phénomènes paranormaux.

Patricia : Je pense que la source de ces phénomènes de hantise n'est pas sans rapport avec un mal-être existentiel profond. Ce qui n'empêche pas pour autant la manifestation paranormale d'être tout à fait réelle. Elle est activée, appelée inconsciemment. On est souvent dans l'hystérie, le mal-être, la solitude, la culpabilité. L'enfant qui voit des fantômes traverse souvent une phase de solitude. Il peut y avoir par exemple un problème dans la famille, dans le couple de ses parents, l'enfant souffre mais n'est pas entendu. Inconsciemment, il appelle au secours, et c'est le fantôme qui va répondre. Il y a aussi le cas de la personne qui fait appel à ce type de phénomène parce qu'elle a un fort sentiment de culpabilité : « Ma maison est hantée, je suis maudit, je me punis. » Bien souvent, on fait appel au fantôme parce qu'il y a un problème existentiel non résolu que le fantôme va venir matérialiser.

C'est la raison pour laquelle, quand on fait appel à moi, j'essaye toujours de comprendre ce qu'il y a derrière la manifestation paranormale. Tout le monde ne voit pas de fantômes, et il est important de s'interroger : « Pourquoi cette personne, et pas une autre ? Qu'a-t-elle à découvrir, à comprendre à travers cette matérialisation ? » Lc paranormal épouse les failles psychologiques des personnes qui en sont les témoins, c'est pour cela qu'elles ont souvent le même profil psychologique. Il y a toujours une double lecture des faits qu'il faut prendre en considération.

Luce : Je crois que tous les symptômes, qu'il s'agisse de fantômes, de troubles fonctionnels, voire de troubles somatiques ou psychiques sont utiles à la personne qui en fait les frais. La question est toujours : « À quoi cela sert-il ? » Y compris en dehors de tout phénomène de hantise, les symptômes que développent un certain nombre de gens sur le plan psychologique ou corporel vont être utiles à quelque chose dans leur économie psychique. En psychothérapie, quand une phobie – comme par exemple la peur des insectes – disparaît, il est fréquent qu'une autre phobie ou un autre trouble du comportement apparaisse. D'où la nécessité de cerner le problème dans son ensemble et d'en découvrir l'origine profonde.

3

Les lieux de hantise

Luce : Les légendes, les contes de fée rapportent souvent le récit de lieux maudits, dangereux, de maisons abandonnées et hantées... des endroits où il ne faut pas aller, sous peine de se mettre en péril. En somme, c'est la relation entre les énergies du lieu et la, ou les personnes, qui éveille le phénomène, qui réveille le mystère, l'insondable.

Patricia : Je pense qu'il peut y avoir des entités dans une maison vide, mais celles-ci ne vont être activées, et donc se manifester qu'au contact de ses occupants vivants. De la même façon, pourquoi une maison va-t-elle se taire avec des familles entières, et puis d'un seul coup commencer à se manifester quand une autre famille s'y installe ? Cela va être concomitant à l'arrivée de personnes dont le profil psychologique et le caractère seront plus marqués par une tendance à l'hystérie. Bien souvent, les manifestations ne vont pas commencer immédiatement le premier soir, mais après quelques semaines, et vont ainsi gagner en ampleur à mesure que le temps passe. Il y a donc un mécanisme d'activation de ces phénomènes qui dépend des personnes qui vivent sur place. En tant que médium, quand je me déplace sur un lieu hanté, je vais en quelque sorte activer cet au-delà qui pose problème, pour communiquer et comprendre pourquoi de tels phénomènes se produisent : les entités peuvent utiliser ma capacité médiumnique pour dire ce qu'elles ont à dire. Mais quand cet « au-delà » est activé par le biais des failles psychologiques et du vivier hystérique des occupants de la maison, il ne va pas dire grand-chose, il va juste se manifester et créer des peurs ; il n'y aura pas d'explications. Dans tous les cas, il est donc activé.

La question qui se pose quand une maison est hantée est d'ailleurs de savoir s'il est possible de chasser les entités présentes. Il y a une mode en ce moment qui se développe beaucoup, qui consiste à s'improviser « passeur d'âme » pour soi-disant « nettoyer » les maisons de leurs entités. C'est une absurdité, car ce n'est pas parce qu'une entité est dans une maison qu'il faut la faire partir. Il faut tout d'abord entrer en contact avec elle pour savoir pourquoi elle est là. Est-ce une entité négative ou positive ? Est-elle réellement une gêne ? A-t-elle un message à délivrer ?

D'ailleurs beaucoup de ces « passeurs d'âmes » ne font rien passer du tout, car un « nettoyage » systématique peut être totalement inapproprié et inefficace. Il faut du discernement. Une entité qui est dans une maison ne doit pas obligatoirement en partir, à moins qu'elle n'en fasse la demande, et un médium n'a pas toujours la possibilité ou l'autorisation de l'aider à passer dans l'au-delà. Du reste, j'ai connu des cas où l'entité en question était passée, mais était revenue, car elle avait une mission à accomplir sur place. Certaines entités ont besoin d'habiter le lieu où elles se trouvent, car cela fait partie de leur chemin d'évolution. Je me souviens ainsi d'une entité dans un château, à qui je venais de dire qu'on allait l'aider à partir, et qui m'a répondu : « Pourquoi voulez-vous me faire partir ? Je suis revenu car mon rôle est d'être ici. » Il y a ainsi des endroits où les entités doivent rester. Soit on accepte la colocation, soit on s'en va. Certaines ne partiront pas, et quand on demande pourquoi, on nous répond : « Il faut qu'il y reste encore un peu. »

Dans ce cas, les vivants ne peuvent interférer et accélérer le processus. Il n'y a donc pas de généralités, et ceux qui font croire qu'ils « nettoient » systématiquement les lieux hantés sans même chercher à entrer en contact et à savoir quelle est la situation sont de fieffés farceurs !

Quoi qu'il en soit, j'ai noté que les phénomènes de hantise dépendent également du terrain sur lequel la maison est construite. L'eau est un facteur très important : un puits, un cours d'eau à proximité… Quand il n'y a pas d'eau, souvent il n'y a pas de manifestations.

Luce : Dans son livre *Ces maisons qui tuent*, Robert de Lafforest présente un point de vue tranché sur la question. Il est intéressant, car il ne parle pas uniquement d'entités, il évoque aussi des systèmes de conduction qui se feraient avec l'eau, comme en témoignent le travail des radiesthésistes. L'eau souterraine, celles des nappes phréatiques, des sources, des rivières qui ont été enfermées dans des égouts. Le mot « sorcellerie » a d'ailleurs à voir, d'un point de vue étymologique, avec celui de *sourcellerie*, de sourcier, celui ou celle qui connaît le secret des sources. Lafforest évoque également les courants telluriques, le réseau Hartmann – ce réseau électromagnétique terrestre naturel.

Patricia : Il faut en effet faire le bilan énergétique de l'endroit pour savoir si une manifestation est envisageable. L'eau conduit absolument tout et transmet tout. Elle conserve les mémoires du lieu.

Il y a d'ailleurs des terrains et des lieux qui portent des mémoires trop néfastes pour que l'on puisse y vivre. Cela n'est pas dû aux phénomènes paranormaux ou à des entités, mais à l'énergie et aux mémoires du lieu lui-même. Je me souviens ainsi d'une dame qui avait fait construire sa maison sur un terrain vierge. Depuis sa construction, des années auparavant, la maison n'avait connu que des problèmes de fuites et toutes sortes de dysfonctionnements sans discontinuité. La première chose que je ressens en regardant la photo qu'elle m'envoie est que la maison a été bâtie sur un vieux cimetière. Elle me dit qu'il y a un cimetière à cinquante mètres de la maison, mais qu'il n'y a aucune tombe à l'endroit même où elle a été construite. Je lui explique qu'il arrivait qu'on déplace un cimetière et qu'il doit bien avoir de vieilles tombes médiévales ensevelies sous son terrain. C'est un lieu fait pour enterrer les morts, des rites funéraires y ont été pratiqués, et il est frappé d'interdit. Je lui conseille donc, dans la mesure du possible, de fermer sa maison et de déménager. « Ce n'est pas possible, me dit-elle, c'est une maison qui nous a pris beaucoup de temps à construire. »

Luce : Que faut-il faire, dans ces cas-là ? Il faut raser la maison ?

Patricia : Il faut surtout ne plus y vivre. S'il arrive que l'on puisse faire partir une entité d'un lieu, il est beaucoup plus difficile d'assainir les mémoires qu'il porte. Celles-ci peuvent contrecarrer ou perturber les personnes qui viennent s'y installer. C'est comme faire un loft dans une vieille église… on ne peut pas habiter là, car c'est un lieu de culte frappé d'interdit. On peut aller prier, s'y recueillir, mais ce n'est pas un lieu de vie.

C'est la même chose que si l'on décidait d'habiter dans un ancien hôpital psychiatrique : la mémoire des murs, les énergies du lieu seraient une source de perturbation et de nuisance pour les habitants.

De la même façon, il y a des maisons qui, lorsqu'on y rentre, nous disent : « Sors ! » Alors, ce n'est pas forcément qu'il y a un fantôme, c'est la mémoire qui ne veut pas, qui nous dit : « Toi, tu veux venir installer ton lit et habiter ici, mais moi, j'ai un drame à te raconter. » Ce sont des maisons qui crient tout le temps et qui sont ingérables. On ne peut pas atténuer cela, même si l'on refait la peinture et que l'on change les meubles, la maison continue de raconter, de ne pas vouloir. Il y a des maisons magnifiques qui sont invivables.

Les vieilles maisons et les vieux châteaux hantés ont non seulement des entités qui se manifestent, mais ce sont également des lieux où de nombreuses mémoires sont conservées : leurs murs racontent les histoires et les drames dont ils ont été témoins par le passé.

Luce : En même temps, pour des raisons économiques, il n'est pas toujours possible d'aller habiter ailleurs. Et puis si cela se sait, une telle maison peut-elle trouver preneur ? Dans la mesure où l'on a vu que c'est le lien entre les énergies et les occupants qui fait la différence, on peut essayer de « soigner » ce lien entre les uns et les autres. Même si certains occupants préfèrent partir, en ont les moyens, il est nécessaire de penser ces difficultés comme une thérapie familiale où l'on traite tous les membres de la famille. Un lieu hanté vaut bien tout ce qui circule de violence et de chagrin dans la mémoire familiale à la fois générationnelle et transgénérationnelle, avec des effets notables sur l'état des personnes qui y vivent.

Patricia : Absolument. À la longue, ces mémoires grignotent l'énergie de ceux qui y habitent. Même s'ils ne les entendent pas, ils les ressentent. Je pense que ce sont des nuisances qui peuvent favoriser ou provoquer des maladies. Ils vont commencer à mal dormir, à devenir irascibles. De manière générale, je dirais que ces mémoires ainsi que d'éventuelles présences d'entités vont créer un climat lourd qui va petit à petit les transformer psychologiquement. Pour s'en prémunir, ils auront tendance à se replier sur eux-mêmes.

L'un de mes amis, par exemple, vit depuis plus de vingt ans dans un vieux château avec sa femme. Quand je suis entrée pour la première fois dans cette belle demeure, j'ai ressenti que des entités étaient présentes et que le lieu était rempli de toutes sortes de mémoires et d'histoires sordides. Chaque fois que j'y allais, ce château me repoussait, je sentais son animosité et je me mettais à saigner du nez ! Quand ils ont emménagé, au début, ils ont découvert dans le salon, devant la grande cheminée, un squelette qui reposait sous les dalles avec son épée. En faisant des recherches, ils ont trouvé que c'était un soldat anglais tué pendant la guerre de Cent Ans. Le château se trouve en effet à la frontière des combats qui ont eu lieu à cette époque entre le royaume d'Aquitaine et le royaume de France. Il y a donc eu beaucoup de batailles dans la région, et les seigneurs n'hésitaient pas à créer des embuscades dès qu'ils voyaient des Anglais passer, pour s'approprier l'argent de leur solde ou pour les éliminer, tout simplement. Pauvre soldat anglais, capturé, tué et enterré dans la salle à manger pour pouvoir être piétiné tous les jours !

Mon ami, qui ne croit pourtant pas aux histoires de fantômes, s'est vite retrouvé confronté à certains phénomènes inexpliqués... Il m'a raconté que les premières nuits passées au château, pour parcourir les quelques mètres qui le séparaient de sa chambre à la salle d'eau, il a ressenti qu'on le poussait de droite et de gauche. Il a pensé : « Je ne suis pas bien réveillé, j'ai des vertiges. » Mais il a continué à être bousculé, puis il a senti qu'on essayait de lui faire un croche-pied. Effrayé, il est revenu en courant dans sa chambre et s'est enfermé à double tour... Quelques mois plus tard, il a aménagé l'une des pièces du château pour en faire une chambre d'amis, et tous ceux qui sont allés y dormir lui ont raconté la même histoire : à deux heures du matin, l'atmosphère devient glaciale, la couverture du lit glisse jusqu'au sol, ils sont réveillés et voient apparaître deux femmes. L'une, âgée et petite, habillée de vêtements probablement médiévaux et l'autre, grande et mince, avec une espèce de heaume. Elles viennent au pied du lit et semblent parler. Leurs lèvres bougent, mais aucun son ne sort. Ils sont tétanisés. Elles finissent par disparaître, et la température de la chambre redevient normale. Ce que j'ai ressenti en entrant dans cette chambre, c'est une détresse féminine, avec une suffocation dans le mur : je pense qu'une femme a été emmurée à cet endroit, et que la vieille dame à son côté est sa servante, probablement morte avec elle. Depuis, cette chambre est condamnée, mais cela ne résout pas le problème… C'est un château qui a vécu beaucoup de tragédies de ce genre, et je me demande comment on peut s'épanouir dans un tel lieu. Même si la demeure est magnifique, l'énergie qui y réside, elle, est très pesante.

Les personnes qui vivent dans de tels endroits se transforment tant sur le plan psychologique que physique.

Quand on investit une maison qui n'a pas, ou peu de mémoires, on commence à l'habiter, on l'ouvre, on l'aère, on laisse entrer la lumière, on y met des couleurs. Bien souvent, il y a peu de chances pour que des entités négatives y restent, car la lumière les chasse.

Mais pour ce qui est de certains châteaux à l'atmosphère lourde et pesante, le volume de la demeure, des énergies et des mémoires est supérieur à notre possibilité de changer les lieux. Il y a toujours des coins sombres, des pièces malsaines qui ne respirent pas et où les entités négatives vont résider, on ne peut rien y faire. Même si l'on décide d'organiser des fêtes et de redonner de la vie au lieu, celui-ci va petit à petit reprendre ses droits : il va y avoir des blocages, les gens ne vont pas s'amuser, ils ressentiront de l'angoisse et un sentiment de mal-être. Ce sont des lieux qui imposent leur loi énergétique, leur tristesse, leur négativité, et qui repoussent la lumière et la joie. Par conséquent, en y vivant chaque jour, on se transforme, de la même façon que l'on change en partageant son quotidien avec une personne négative. On perd sa bonne humeur et l'on devient plus négatif à notre tour.

Il y a paradoxalement des liens forts qui se tissent entre les habitants et le lieu : même si les habitants n'y sont pas heureux, ils vont avoir du mal à partir. Après un certain temps passé sur place, ce ne sont plus eux qui possèdent la demeure, mais la demeure qui les possède. Ils ne peuvent plus en partir, et même s'ils en éprouvent le besoin, ils n'y arrivent pas et changent d'avis au dernier moment : « Finalement, nous allons rester. » C'est comme si le lieu exerçait une sorte d'emprise sur eux, ils sont comme des prisonniers dans leur propre demeure !

Peut-on, selon vous, parler d'emprise quand il s'agit d'un lieu ? Comment la définir ?

Luce : L'emprise, c'est quelqu'un ou quelque chose, une personnalité ou une idée qui va se ventouser comme une moule sur son rocher sur un espace psychique suffisamment labile, plastique et qui, progressivement, va envahir toutes les zones de la réflexion et du discernement. Les personnes qui rentrent dans des sectes sont sous emprise : on se souvient par exemple des membres de la secte solaire qui pensaient qu'en se suicidant, ils allaient revivre ! L'emprise se construit souvent à partir de la parole d'un gourou, d'un maître. Un gourou, c'est quelqu'un dont la personnalité et le charisme – à la fois la parole, l'intelligence, mais aussi l'approche énergétique, ce qu'on éprouve spontanément à son contact – sont puissants et peuvent agir sur certaines personnes. Tout comme dans l'hypnose. Cependant, là aussi l'emprise ne fonctionne pas avec tout le monde.

Je pense que l'on peut être prisonnier de n'importe quoi : d'un homme, d'une femme, d'un château, d'une maison, d'un pays, d'une guerre, d'une secte… Autrement dit, on crée nous-mêmes des liens qui peuvent nous devenir toxiques, néfastes. Mais la question reste toujours : « À quoi cela nous sert-il ? Avec quelles parties de nous et de notre histoire personnelle cela fait-il écho ? Quel vide cela vient-il combler en nous ? De quoi cela est-il la compensation ? » On observe ce phénomène d'emprise dans certaines passions amoureuses, quand des hommes ou des femmes sont accompagnés de quelqu'un de violent, d'agressif, de brutal, de méchant voire de pervers, et n'arrivent pas à s'en séparer ou vont mettre énormément de temps à partir. Ce qui peut arriver quand la maltraitance s'installe et devient trop forte.

C'est, je pense, une disposition humaine – en tout cas, celle de beaucoup de gens –, d'être fragile devant la captation qu'opère une autre personne, un pays, une maison... Cela se joue sûrement à un niveau vibratoire, mais c'est aussi un phénomène psychique à replacer dans le contexte social et culturel de la personne, avec son histoire actuelle et généalogique.

4

Les croyances et les représentations culturelles sont des codes d'entrée dans la psyché

Luce : Il y a un point que nous n'avons pas abordé et qui me semble important, c'est celui des croyances et des représentations culturelles des personnes qui viennent consulter un psychologue ou qui font appel à vous en tant que médium. En consultation, je n'ai pas eu de patients qui venaient me voir précisément pour des problèmes de hantise ou de fantômes. Il m'est arrivé, en revanche, d'être confrontée à des gens qui déliraient et tenaient des propos incohérents, mais c'étaient des troubles graves de la personnalité. Plus récemment, j'ai reçu des personnes qui s'intéressaient à ce genre de phénomènes et qui me parlaient de leur expérience de mort imminente ou de sensations et d'images qu'ils avaient pu avoir et qui étaient inhabituelles dans le champ de la perception ordinaire. Pourtant, ils venaient consulter pour tout autre chose et ne parlaient de cela qu'au détour de l'entretien, en me disant : « Il faut que je vous raconte, j'espère que vous n'allez pas vous moquer de moi… »

Patricia : Oui, donc ils ne vous parlent de cela qu'en dernier recours, ce n'est pas vraiment la cause première de leur venue. En ce qui me concerne, je ne donne pas de consultations, je ne fais que rendre service ponctuellement et gratuitement aux gens qui me le demandent et que je peux aider. Il est vrai qu'en tant que médium, les personnes qui viennent me voir pour me demander de résoudre des problèmes qui sont tous liés au paranormal. Mais parmi tous ces gens très diversifiés qui désirent mon aide, il n'y a peut-être qu'une personne sur dix qui se trouve avoir de réels problèmes rentrant dans mes compétences de médium. La plupart du temps, il s'agit de problèmes psychologiques. Je leur dis : « C'est un problème existentiel que vous avez, il n'y a pas de paranormal ! » « Oui, mais je sens à l'intérieur de moi quelque chose… Je suis sous l'emprise d'une entité… j'ai peur la nuit, il y a une présence… » Mais en vérité, c'est la peur du loup, et je ne peux rien y faire ! C'est toujours une déception pour eux, quand je leur réponds : « Allez plutôt consulter un psychologue. » Ils sont quelquefois très vexés. Je me rends compte de plus en plus que pour certains, avoir un fantôme est gratifiant, comme s'ils avaient besoin de cela pour exister, pour dire aux autres : « J'ai mon fantôme » ou « je suis sous l'influence d'une entité », car ce n'est pas si commun que cela.

Luce : À partir du moment où une personne commence à dire qu'elle est envahie par une entité, qu'elle est contrainte de faire des choses parce qu'« on » lui commande de les faire, il convient de penser qu'il peut s'agir de troubles du comportement. D'ailleurs, la plupart du temps, les personnes n'évoquent pas d'emblée une entité, elles disent : « Je suis fou, je ne vais pas bien. Qu'est-ce que j'ai ? Faut-il que je prenne des médicaments ? » Il me semble qu'il faut déjà avoir une espèce d'engagement spirituel ou psychique, une culture intérieure de ces questions, une tradition familiale du fantôme, du mauvais œil, pour envisager l'existence d'un élément extérieur menaçant.

Patricia : Bien évidemment, il m'arrive fréquemment d'avoir de vrais cas qui relèvent du paranormal, mais il est vrai qu'il y a des gens qui n'ont pas du tout cette culture.

Luce : Il me semble aussi que pour que de tels phénomènes arrivent, il faut déjà y croire : que cela soit de façon consciente et qu'on s'y intéresse, ou que l'on y croie de façon inconsciente parce que cela traverse les valeurs, les représentations culturelles de la famille, peu importe. Cela arrive d'abord aux gens qui, d'une manière ou d'une autre, s'inscrivent dans ce principe de représentations et peuvent s'y engager. Il y a un principe sous-jacent qui relève de l'ordre de la croyance, de la foi. Ce à quoi nous ne croyons pas ne peut avoir d'existence à nos yeux. En Afrique et dans le Maghreb, j'ai rencontré des personnes qui affirmaient être possédées, estimant que leurs maladies – des troubles intestinaux, des nausées, des insomnies, des cauchemars – ne relevaient pas de la médecine occidentale, médecine à laquelle il leur arrivait de faire appel, mais de « l'attaque » d'un sorcier qui avait été sollicité par un parent ou un voisin. Et j'ai constaté que les victimes n'en ressentaient les effets que si elles étaient attachées à cette croyance. Et plus elles y croyaient, plus ces effets étaient considérables.

Patricia : Oui, il y a une croyance, une sorte de volonté qui permet au processus d'être accéléré.

Luce : C'est pour cela que dans ma pratique, je suis ouverte à entendre et à accompagner – quand je sens que cela est possible – des gens qui ont des discours inhabituels sans les taxer de fous. Je ne crois pas, en effet, qu'un psychanalyste puisse répondre : « Mais pas du tout, vous délirez ! » Il est nécessaire de prendre en compte leur malaise, d'entendre et d'analyser comment ils le racontent, les mots qu'ils utilisent, les causes et les histoires dont ils font part pour expliquer leurs troubles, ceux-ci fussent-ils aberrants aux yeux du praticien.

C'est tout le sens de l'ethnopsychiatrie fondée par Tobie Nathan : quand il a monté son premier dispensaire dans la banlieue nord de Paris, beaucoup de ses patients étaient originaires du Maghreb et présentaient des troubles fonctionnels du type conversion hystérique : un ventre qui gonfle, un « mal de cœur », des palpitations… Ils souffraient, mais ne disaient pas : « Je suis stressé en ce moment, je traverse une période difficile. » Ils disaient : « La nuit, je suis passé sur une flaque d'eau et il y avait des djinns. » N'ayant pas trouvé de causes physiologiques à ces troubles, Nathan a alors pris le parti de considérer qu'il fallait travailler avec la représentation que les patients avaient de leurs troubles. Et c'est cela qui permet de soigner les gens.

L'un de ses étudiants, un psychiatre, m'a raconté qu'il avait réussi à sortir un toxicomane de l'héroïne en lui faisant boire de l'eau dans laquelle avaient trempé des versets du Coran. Jusque-là, ce jeune homme prenait du Subutex, un produit de substitution qui possède aussi des effets secondaires et entraîne de l'accoutumance. Il a donc fait appel à son histoire, à ses croyances religieuses pour le sevrer. Ce qui compte, c'est de tenir compte de la parole du patient, de l'aider à en retrouver le sens afin de le soulager.

J'ignore si les raisons précises de ce type de guérison sont liées aux seuls bienfaits de la méthode, à un effet placebo ou à la qualité du thérapeute, je suis cependant persuadée qu'il ne faut se priver de rien pour aider quelqu'un. Pour être complètement sincère, je suis convaincue que les trois idées évoquées se sont associées pour assurer le sevrage. Il faut d'ailleurs se souvenir que l'effet *placebo* « je fais plaisir », je fais du bien a pour contrepoint l'effet *nocebo*, « je nuis ». Découvert dans les années 1970, il a permis de montrer que la croyance en la gravité d'une maladie avait pour résultat de l'amplifier.

Par extension, une personne, une situation, un lieu peuvent avoir sur nous des effets pathogènes.

Patricia : Oui, c'est comme un code qui permet d'accéder à leur mécanisme de fonctionnement. C'est un procédé flagrant, dans des phénomènes comme celui de la possession. Pour exorciser quelqu'un, pour chasser l'esprit négatif qui a pris possession d'une personne, il faut parler le même langage que lui. Il faut ainsi se référer au système de représentations religieuses dont il dépend et dont il est le fruit. C'est la seule façon que l'on a de le faire réagir et d'avoir une prise sur lui pour le faire partir. Avant de pratiquer moi-même des exorcismes, j'ai rencontré et suivi un prêtre catholique exorciste. Un jour, il m'a proposé d'assister à l'une de ses séances, et j'ai accepté. Il m'a dit : « Tu viens avec moi, mais en revanche, quoi qu'il se passe, tu ne sors pas de la pièce, tu restes avec moi. » Je vois entrer dans la pièce un jeune garçon de vingt ans en pleine forme, qui dit au prêtre : « Il paraît qu'il faut que je vienne vous voir, parce que ma mère dit que je suis possédé ! Quelle bêtise… Je viens vraiment pour lui faire plaisir… » Il ricanait un peu. Le prêtre lui dit : « Asseyez-vous. » Je vais voir le prêtre et lui dis à voix basse : « Il n'a rien, ce garçon…

C'est un jeune, c'est tout ! » Il me répond : « Tu vas voir. » Il donne une feuille au garçon et lui dit : « Pouvez-vous lire les prières inscrites sur cette page ? » C'était des prières catholiques. Le garçon lui répond : « Bah… bien sûr ! » Il commence à lire. Dès les premiers mots, il se met à bafouiller, se reprend, réessaye, n'y arrive pas, commence à s'énerver, et tout à coup il se renverse en arrière, la tête et les pieds touchant le sol, en arc. « Mais… qu'est-ce qui lui arrive ? » je demande. Le prêtre me répond : « C'est maintenant que cela commence. » J'étais terrifiée… me demandant si le garçon avait un malaise. Il est devenu gris. C'était effrayant… Il éructait, avait des timbres de voix différents… lui-même n'y croyait pas ! En une heure, tous ses ongles sont devenus noirs, comme s'il se les était coincés dans une porte. Et la chose qui parlait au prêtre n'avait plus rien à voir avec le jeune homme : elle avait un langage différent, une structure de pensée et une maturité différentes. C'était sensible. Je ne sais pas comment un jeune garçon de vingt ans peut créer cela. J'ai eu peur, et je me suis dit : « Il y a quelque chose d'autre. » La séance a duré plus de deux heures, pendant lesquelles le prêtre a suivi sa procédure d'exorcisme catholique. Le garçon s'est remis tant bien que mal, il était épuisé, mais a été soulagé et a pu reprendre une vie normale : un dégagement avait été fait. Dans cet exemple, le jeune homme était catholique et l'exorcisme a été réalisé avec les codes de la religion catholique. Pour exorciser, il faut utiliser le code qu'implique la croyance de la personne possédée : la Thora pour un juif, le Coran pour un musulman.

Luce : Nous sommes tous dans un système de représentations sociales, généalogiques et culturelles qui va nous imprégner. Quand les gens font état d'une expérience de mort imminente, par exemple, ils racontent à peu près toujours la même histoire : ils passent dans un tunnel et arrivent, pour les uns, devant une grande lumière, pour les autres, devant le buisson ardent, Jésus ou Mahomet… S'il me semble probable que quelque chose de l'ordre du transpersonnel se produise lors de ces expériences, ce quelque chose est pris dans leur système de représentations.

Patricia : Melvin Morse, lui, a travaillé sur les expériences de mort imminente des enfants de deux à quatre ans, parce qu'il pense justement que l'enfant n'est pas encore trop influencé par la culture de son environnement familial. Quand il demande à un enfant de raconter son expérience, l'enfant dit : « J'ai vu

Dieu. » « Dessine-le-moi. » Et l'enfant dessine un gros lapin bleu ou un grand clown ! Chacun a sa représentation.

Luce : La représentation, c'est la manière dont nous imaginons le monde. Il n'existe pas de représentation « neutre » qui ne soit pas entachée, influencée par la culture qui est la nôtre, notre éducation, notre religion ou notre athéisme, le pays, la région où nous sommes nés, où nous avons grandi. La montagne, pour moi, évoque le vertige, je n'y suis pas du tout à l'aise. Pour un Savoyard, c'est le lieu où il a fait du ski, des randonnées excitantes, où il a eu le sentiment de découvrir le monde de plus haut. Quand Proust, dans *À la recherche du temps perdu*, parle d'une madeleine, c'est toute l'évocation de ses séjours chez sa tante Léonie à Combray qui remonte. Pour beaucoup, ce n'est qu'une pâtisserie de plus.

L'aphorisme « la carte n'est pas le territoire » est un bon résumé : ce que chacun de nous pense, croit, imagine et dit se fonde sur des représentations, sur la façon toute subjective dont nous avons intégré la réalité. C'est la raison pour laquelle, en psychologie, il est donc très important de comprendre le « monde de l'autre » avant de s'essayer à l'aider. Il est nécessaire d'intégrer ses images internes, la façon dont il les exprime, le sens exact des mots qu'il emploie et qui ne sont pas forcément ceux du thérapeute. Au fil du temps, un langage secret, une sorte de code en effet, une complicité langagière, verbale et non verbale, s'instaure entre le psychanalyste et son patient. J'ai, par exemple, longtemps rêvé que je transportais un chat dans mes bras, un chat remuant qui parfois m'échappait et que je devais absolument retenir. Ce rêve s'est répété dans les décors les plus variés : en ville, à la campagne, en noir et blanc, en couleurs… Il s'agissait d'une représentation de moi-même dans la crainte d'être abandonnée. « J'ai encore une nouvelle histoire avec le fameux chat » était la phrase qu'il me suffisait de dire à mon psychanalyste de l'époque pour qu'il comprenne d'emblée dans quel registre nous allions nous situer.

De la même façon, j'ai pu aider l'une de mes patientes, qui était marocaine, faisait ses études de médecine à Paris et consultait pour des problèmes de stérilité après avoir fait le tour de la médecine occidentale. Je revenais moi-même du Maroc, où par hasard j'avais visité le tombeau d'un saint réputé pour rendre leur fertilité aux femmes qui priaient et jetaient une pièce de monnaie dans la fontaine située devant son tombeau. Un peu démunie face au problème de ma patiente, je lui proposai d'aller visiter ce tombeau la prochaine fois qu'elle irait rendre visite à sa famille. Elle a trouvé ma prescription un peu fantaisiste sur le moment, mais quand elle est retournée au Maroc, elle a fait un petit détour sur la tombe du saint, a prié, a jeté sa pièce de monnaie… et s'est retrouvée enceinte dans les trois mois qui ont suivi !

Le plus important est que le patient s'y retrouve avec ses croyances, ses projections, ses idéaux. Chaque fois, il s'agit de redonner du sens à ses malaises, à sa souffrance et, partant, de renouer avec soi-même pour une existence plus harmonieuse. C'est aussi ce que la psychogénéalogie propose.

5

Psychogénéalogie

Patricia : Parmi les personnes qui font appel à moi, certaines semblent endurer des souffrances qu'elles ne s'expliquent pas : « Je ne suis pas bien depuis que je suis né, je suis dépressif depuis toujours, je ne sais pourquoi… » Il arrive que cette souffrance soit une sorte de poids que la personne porte à cause d'un secret familial : un acte, souvent dramatique, causé ou subi par l'un de ses ancêtres et dont plus personne ne parle dans la famille depuis. Dans votre travail de psychologue, vous vous êtes spécialisée dans ce type de souffrance « fantôme » qui traverse les générations ?

Luce : Oui, en effet, j'utilise l'approche biographique ou la psychogénéalogie avec les notions de fantômes, de cryptes, de secrets de famille pour comprendre des symptômes, des manifestations vraiment étranges chez des gens pour qui je n'ai rien repéré de spécifique dans leur histoire actuelle et passée et qui, par ailleurs, paraissent tout à fait normaux. Dans ce cas, afin de trouver la cause première de ces symptômes, il est nécessaire de remonter jusqu'aux origines et de fouiller le passé familial du patient sur plusieurs générations.

Dans son livre *Aïe, mes aïeux !*, Anne-Ancelin Schützenberger cite l'exemple d'un chimiste qui, assez brutalement, s'est mis vers la cinquantaine à gazer des coléoptères et casser des cailloux le week-end. Il va voir un psychanalyste, mais celui-ci ne repère rien qui puisse être mis en relation avec son histoire passée et présente. Cela devient très embêtant pour toute la famille. C'est en consultant Abraham et Török, deux psychanalystes à l'origine de la psychogénéalogie, qu'on va s'apercevoir que, dans l'histoire familiale de cet homme, un grand-oncle est parti avec la caisse de la banque dans laquelle il travaillait, et a été envoyé aux bataillons d'Afrique, où il a cassé des cailloux et rencontré des problèmes avec des insectes ! Le fait d'avoir eu accès à cette information familiale lui a permis de résoudre son problème.

Patricia : Il est en effet étonnant de constater comment de vieilles histoires familiales peuvent quelquefois rester vivaces et continuer d'influer d'une manière ou d'une autre sur les générations qui suivent. Il m'est arrivé ainsi, en rendant visite à un ami, de capter des informations très anciennes concernant son histoire familiale, où il était question d'un meurtre. Curieux et n'ayant jamais entendu parler de cela, il est allé fouiller dans les archives et a réussi à retrouver l'histoire précise de ce drame qui concernait en effet l'un de ses ancêtres. Cela a été le point déclencheur qui lui a permis de mettre au jour toute l'histoire de sa famille sur plusieurs générations, et en plus de l'intérêt que cela a pu susciter chez lui, il s'est senti comme libéré d'un poids.

C'est depuis que j'ai commencé à développer mes capacités médiumniques, il y a vingt ans, que je me suis rendu compte de la réalité de ces non-dits familiaux qui traversent les générations sous la forme d'une souffrance ou d'une difficulté existentielle. En effet, j'ai remarqué que pour certaines personnes, il m'arrive de capter des informations sur certains drames familiaux assez reculés dans le temps. Je leur dis alors ce que je ressens. Par exemple : « Ce n'est pas votre histoire. Votre mal-être n'est pas causé par une épreuve concrète qui dépend de vous aujourd'hui, mais par quelque chose qui appartient au passé de votre famille. C'est un problème généalogique, quatre générations au-dessus de vous : c'est du côté maternel, il y a eu un inceste et vous portez le silence de cet inceste. » Bien souvent, il y a d'autres personnes de la même branche familiale qui rencontrent des difficultés, car le mal reprend de la force et touche différents membres dans les générations suivantes.

Le médium peut ainsi obtenir des informations précises, il ressent si cela vient de la branche paternelle ou maternelle, quelle génération est concernée, et s'il s'agit d'un meurtre, d'un viol, d'un inceste ou autre.

Une fois que j'ai délivré l'information aux personnes concernées, je leur dis qu'elles peuvent écrire une lettre à cet ancêtre pour lui dire le mal qu'il leur a fait et lui demander de les en libérer. Ensuite, cela n'est plus de mon ressort, cette histoire leur appartient et je leur précise que c'est à eux de creuser et de faire un travail avec quelqu'un comme vous, s'ils en ressentent le besoin. Je ne suis pas thérapeute, je suis médium.

Luce : Je pense que leur demander d'écrire une lettre peut en effet les soulager. Il n'est pas inutile de poser cela sur le papier, de le formaliser afin d'en faire une représentation claire et lisible. Cela en fait quelque chose qui, au lieu d'être de la pensée, se trouve matérialisé grâce à un support concret. Cependant, je pense que la « libération » viendra surtout de la personne qui consulte, car c'est d'abord elle qui doit lâcher prise et se défaire de ce qui lui pèse.

En consultation, l'approche est différente : à partir du moment où je vais percevoir chez quelqu'un une symptomatologie, un mal-être profond et, grâce à l'anamnèse – le récit de tout ce qui s'est produit dans le passé, la manière dont cela a été vécu –, faire le constat que cela n'est pas le fait de son histoire actuelle, je vais proposer à la personne la piste généalogique, si elle est capable de l'entendre et de s'y confronter. Je l'accompagne alors dans sa démarche afin qu'elle établisse un génosociogramme. C'est une représentation schématique de ses liens familiaux sur plusieurs générations, où sont notés les divorces, les séparations, les adultères, les liaisons, les enfants qu'on appelait il n'y a pas si longtemps « naturels », les avortements, volontaires ou non, les fausses couches, les maladies, les décès bizarres… Le but étant de faire ressortir ainsi tous les points de conflits et de toxicité familiaux éventuels. Il faut noter que presque tout ce qui risque de faire écho et de poser problème se situe du côté de la filiation et de la génération.

Lorsque l'on trouve ainsi l'origine du trouble, et ce n'est pas rare, cela va permettre à la personne de « métaboliser » son passé, de l'admettre et de le digérer.

Il arrive également qu'on ne trouve rien, mais en même temps, ce travail de mémoire permet quand même de petites découvertes, des prises de conscience plus ou moins importantes qui vont permettre au patient de pouvoir lâcher prise en disant : « Oui, effectivement, on ne sait pas, on ne saura jamais, mais en définitive, j'ai un sentiment de dégagement dans la mesure où j'ai compris que je traîne une casserole, que j'ai besoin de vider une valise. »

Patricia : Il n'est pas nécessaire de savoir précisément ce qui s'est passé ?

Luce : Idéalement, c'est mieux, mais en dehors des grandes familles bourgeoises et aristocratiques, la plupart du temps, les gens ne vont pas très loin dans leur généalogie. Ils remontent à deux générations, voire trois, guère plus. Parfois, il y a des histoires anciennes qui traversent la mémoire familiale. C'est vrai en Corse, par exemple, ou dans certaines régions d'Italie, où une mémoire s'est maintenue dans une région, un village, une maison... Mais dans l'espace urbain, tout cela s'est diffracté, et les gens ont perdu le fil. Du coup, on ne peut pas systématiquement revenir à l'événement initial qui a été pathogène. Il faut donc aider quelqu'un à se sortir de cette emprise en lui proposant une autre emprise, symbolique celle-ci, qui consiste à penser que cela ne lui appartient pas, que ce n'est qu'une vieille valise à vider, à détruire puis à jeter.

Patricia : Est-ce qu'il arrive que le patient, en découvrant et en mettant des mots sur ce problème familial antérieur, plutôt que de le dépasser et « de vider sa valise », s'y accroche, non sans un certain fétichisme ?

Luce : C'est intéressant, car le mot « fétiche » vient de *feitiço*, qui veut dire en portugais « sortilège ». Effectivement, il y a des gens qui tiennent à leur « envoûtement », à leur autosuggestion. Ce que je leur propose, c'est de le conserver, mais d'en faire quelque chose d'autre. On peut préserver un événement initial qui a été très difficile, un événement brutal, et s'en servir comme d'un appui en considérant qu'on est le porteur de quelque chose de lourd, mais que ce poids ne doit plus freiner notre existence actuelle. On peut en faire une sorte de « légende personnelle » héroïque, douloureuse et puissante qui, au lieu de nous freiner, va nous porter, nous rendre plus fort et plus sage : « Je suis un porteur de mémoire. Dans mon histoire, il y a des événements difficiles, extrêmement violents, mais je suis comme une bibliothèque qui rassemble une quantité d'informations et de savoirs riches et variés. Je sais maintenant que cela existe, mais n'a plus d'impact sur ma vie actuelle. »

Patricia : En fait, le génosociogramme est une sorte d'arbre généalogique ?

Luce : Pas tout à fait. L'arbre généalogique, c'est ce qui nous permet de savoir d'où nous venons. Il y a les noms, les prénoms, les dates de naissance et de décès, et le lien de parenté entre les personnes. Quand on fait le génosociogramme, on utilise l'arbre généalogique, mais on y ajoute des informations sur les liens affectifs entre les différents membres de la famille, une famille élargie aux fratries et aux cousinages, sur les événements marquants de la vie de chacun, des anecdotes qui ont traversé le temps… On y retrouve bien sûr les noms, les dates de naissance, de décès, mais ce qui est plus important, ce sont les raisons du décès quand on les connaît, un cancer, un meurtre, un suicide, la manière dont les enfants sont nés quand il y a une anomalie, les handicaps, les maladies, les métiers… Les métiers sont très importants, cela peut nous permettre de comprendre pourquoi nous faisons ce que nous faisons aujourd'hui, ou pourquoi nous avons envie de faire autre chose sans quelquefois bien en saisir les raisons. En construisant son géno-sociogramme, on va souvent s'apercevoir qu'il existe une résonance entre ce que nous faisons ou avons envie de faire et l'histoire longitudinale de la famille. Ce n'est pas forcément exactement le métier d'un ancêtre que l'on veut exercer, mais cela veut dire qu'il y a quelque chose de « signifiant » dans le passé qui nous amène, aujourd'hui, à avoir envie de s'engager dans tel type d'études ou de se reconvertir.

Patricia : Personnellement, je n'ai jamais fait d'arbre généalogique, mais j'ai appris dernièrement par une société de généalogie qu'il y a dans ma famille un héritage bloqué depuis 1962 ! Mon grand-père paternel a été abandonné, et on ne savait pas d'où il venait. La société en question a découvert qui était son père. On a ainsi appris que mon arrière-grand-père était mort au bagne à Cayenne ! En l'apprenant, mon fils m'a dit : « Mais tu te rends compte ? Il est mort comme bagnard en Guyane française au XIXe siècle ! » Je me suis demandé ce qui aujourd'hui, dans ma vie, avait pu être déterminé par cette expérience-là. Moi, cela me fait sourire et je trouve cela plutôt romanesque, mais j'ai vu mon fils sur le moment prendre cette information avec inquiétude. Il a été gêné par la souffrance de cet ancêtre-là et par le mystère qui subsiste : « Qu'est-ce qu'il a fait pour finir au bagne ? Est-ce qu'il a tué quelqu'un ou volé ? » Cela a eu un impact beaucoup plus fort sur lui. Chacun va prendre les informations de sa vie, de sa famille, de ses ancêtres de manière différente. Chacun en fait autre chose.

Luce : En effet, chacun se fait une représentation différente de n'importe quel événement. Pour votre fils, il est peut-être très utile qu'il aille chercher de façon concrète qui était cet homme, de quel côté de la barrière il était, ce qu'il a fait, s'il a vraiment fait quelque chose d'ailleurs, si ce n'est pas une erreur judiciaire…

C'est en effet le genre d'informations que l'on peut être amené à découvrir en se penchant de plus près sur son histoire familiale. Si on reprend l'approche théorique de la psychogénéalogie quand, à trois générations au moins, il y a un événement du côté de la « génération », c'est-à-dire de la filiation, ou du côté de la « mort », cet événement peut se constituer comme un secret. Du côté de la génération, ce sont les enfants abandonnés, non reconnus, mort-nés, nés hors mariage à un moment où, socialement, ce phénomène n'était pas admis. Ce sont aussi les avortements, les fausses couches, les enfants qui naissent avec un handicap. Si les fausses couches étaient tolérées car accidentelles ou naturelles, les avortements tombaient sous le coup de la loi pénale et pouvaient être mal vus par la société et l'entourage. De même, le handicap pose la question de son origine : « Vient-il de la filiation paternelle ou maternelle ? » avec tout ce que cela peut soulever de rancœurs.

Du côté de la « mort », ce sont les décès étranges : « La tante Adèle était assise au bord du puits… elle est tombée ! Est-ce qu'elle a sauté ? Est-ce qu'on l'a poussée ? » À la première génération du secret, les gens connaissent la vérité, mais elle est tellement inavouable et honteuse – « il est allé au bagne… il a volé la caisse… il l'a poussée dans le puits… » – que personne ne veut plus en parler. À la deuxième génération, il y a encore des bribes d'informations qui circulent. À la troisième génération, il peut y avoir ce qu'on appelle un « phénomène de crypte ». On appelle la personne qui porte cela un « cryptophore ». C'est quelqu'un qui, à l'intérieur de lui-même – un espace psychique imaginaire, non biologique – est porteur du secret, mais n'en sait rien. Et ce secret va se manifester, non pas en disant « voilà la vérité : la tante Adèle n'a pas sauté dans le puits, on l'a poussée », mais au travers de comportements bizarres, de propos étranges. On voit ainsi des gens, tout à fait normaux par ailleurs, qui se mettent tout à coup à jargonner, à raconter des choses curieuses, à délirer en somme, mais de façon limitée dans le temps. On les appelle des « ventriloques » parce que ce ne sont pas vraiment eux qui parlent.

Ce genre de choses a commencé à apparaître avec Moreno. C'était un psychologue austro-américain contemporain de Freud, qui a inventé le « théâtre thérapeutique » et imaginé les constellations familiales. Cela se fait toujours. On réunit dans une pièce des gens qui veulent faire une psychothérapie, un travail de développement personnel, qui racontent les problèmes affectifs et les tensions qui les font souffrir au sein de leur famille. Le thérapeute va alors mettre en scène les problèmes d'un des participants. Il lui demande de choisir parmi les autres personnes présentes dans l'assemblée un homme pour jouer le rôle de son père, une femme pour le rôle de sa mère, etc. On pose le cadre très brièvement et on demande à chaque personne de jouer son rôle. Cela s'appelle « consteller ». Or, curieusement, si vous êtes choisi par le patient pour vous mettre dans la posture du père, vous allez la plupart du temps, sans rien connaître de celui-ci, vous tenir, bouger la tête, la pencher, vous exprimer avec une phraséologie, une syntaxe qui sera la sienne. Et père et fils ou fille vont se mettre à échanger comme autrefois avec les mêmes mots, les mêmes intonations, et les mêmes tensions quand il y en avait. Ce qui va permettre un dégagement pour le patient qui a demandé que l'on travaille sur sa relation avec son père, par exemple. Moreno est le premier thérapeute à avoir imaginé ce système sans comprendre son origine, ses mécanismes. Il observe juste que cela fonctionne.

Après lui, ce sont les deux psychanalystes, Abraham et Török, qui découvrent le secret de la crypte, du fantôme qui se manifeste… Ces fantômes-là ne sont pas des revenants au sens habituel du terme, des apparitions qui se manifesteraient dans un lieu précis et à une heure dite. Ce sont des humains ordinaires qui, tout à coup, se mettent à dire et à faire des choses bizarres sans comprendre ce qui leur arrive. Ce sont les ventriloques que j'évoquais précédemment. Après eux, la psychologue Anne-Ancelin Schützenberger, puis le psychiatre et psychanalyste Serge Tisseron vont reprendre cette clinique de la généalogie. Et tous font le constat suivant : « Les secrets de famille traversent le temps, ce n'est pas génétique car on a fini la cartographie du génome humain, il n'y a rien qui corresponde à cela dedans : on y trouve la couleur des yeux, les cheveux frisés ou raides, certaines maladies, mais rien de plus. »

Patricia : Et vous, comment expliquez-vous cette transmission ?

Luce : Il est difficile d'expliquer comment la mémoire d'un événement traumatisant peut traverser le temps et être la cause d'une souffrance dans une même famille, des générations plus tard. L'éducation ne suffit pas à expliquer ce phénomène. On pourrait donc penser que les cellules du corps sont porteuses de ce genre d'informations. Ces dernières seraient alors transmises aux générations suivantes. Elles ne causeraient de troubles qu'à certaines personnes de la lignée qui présenteraient un terrain psychologique favorable à leur émergence. Mais si c'est le cas, il s'agit sûrement d'un mode de communication cellulaire que l'on n'a pas encore découvert, car la biologie ne saurait valider ce genre d'hypothèses.

Personnellement, je ferais un parallèle avec la physique quantique qui, au niveau des particules élémentaires, a découvert de nouvelles propriétés de la matière, comme celle de la non localité qui permet d'expliquer comment deux particules, qui se sont rencontrées à un moment donné, restent corrélées et arrivent à échanger de l'information instantanément entre elles, même si elles sont séparées par une grande distance. Un tel mécanisme, qui permet une communication de l'information semblant se défier de l'espace et du temps, ne va pas sans rappeler ce que l'on constate en psychogénéalogie avec cette transmission de mémoires pathogènes sur plusieurs générations.

Il est à noter d'ailleurs que pour un certain nombre de chercheurs et de médecins, comme l'anesthésiste réanimateur Jean-Jacques Charbonnier en France, ou le cardiologue Pim Van Lommel aux Pays-Bas – qui ont recueilli dans l'exercice de leur métier des témoignages d'expériences de mort imminente – la conscience n'est pas dans le corps. Selon eux, notre cerveau, indispensable à la manifestation de la conscience, n'en est pas pour autant le créateur ; il n'en est que le vecteur, tout comme un poste de radio qui transmet les ondes qu'il reçoit.

Ce sont des éléments que la science sera peut-être en mesure de confirmer ou non, mais qui permettraient d'expliquer des phénomènes tels que la communication avec les défunts et la transmission généalogique.

Conclusion de Luce Janin Devillars

Comme nous l'avons vu, la frontière entre le psychologique et certains phénomènes paranormaux est mince. Si le psychologue n'a pas pour vocation de communiquer et, le cas échéant, de chasser les fantômes en se rendant sur des lieux hantés comme le ferait un médium, il peut en revanche accompagner celui qui se dit victime de ces visions, afin de les replacer dans son histoire personnelle et l'aider à mieux comprendre ce qu'elles peuvent lui apprendre sur lui-même.

Certains patients ne sont jamais traversés par des phénomènes extraordinaires, d'autres si. Dans ce cas, il s'agit de les entendre, sans les minimiser, sans les ranger du côté de la « folie ». Un thérapeute, à mon sens, ne peut se priver de rien pour aider une personne. Tout ce qui vient du patient, qu'il s'agisse de souvenirs, de messages qui seraient envoyés par des défunts, de flashes médiumniques, de visions… constituent le matériel de la cure : ce avec quoi le psychanalyste doit travailler sans écarter une donnée au profit d'une autre.

La médiumnité me semble être une communication avec un « ailleurs », comme dans le cas des phénomènes de hantise ou de possession. Dans le cas de messages de défunts ou de flashes sur une histoire familiale précise, par exemple, elle est une source d'informations qui peut se révéler utile à celui qui les reçoit. Mais qu'il s'agisse de « dégagements » ou de « révélations », elle n'est bien souvent qu'un préalable à une vraie démarche de travail sur soi. C'est sur ce point que la médiumnité constitue un pont avec le travail que proposent la psychologie, la psychanalyse ou encore la psychogénéalogie qui, à partir de là, peut prendre le relais pour accompagner les personnes et les familles, et les aider à interpréter et mieux gérer des situations souvent inquiétantes et douloureuses, ou des informations quelquefois lourdes et chargées d'affect.

Françoise Dolto, que j'ai consultée autrefois, disait souvent d'ailleurs à ceux qui allaient la voir : « Soyez aussi patient que moi. » Elle voulait mettre l'accent sur le fait que le praticien doit aussi faire preuve d'attention à lui-même, d'investigation, d'interrogations. Il ne doit pas se poser comme celui qui sait, mais se laisser questionner par ce qui le traverse – réflexions, flashes, mots ou idées qui n'ont pas forcément de lien avec ce qui se passe à un moment donné avec son patient. Si un psy est en résonance avec certains phénomènes, il ne doit pas les rejeter, au contraire. Mais il doit aussi faire attention à ses projections, à ses croyances et ne pas tenir pour argent comptant toutes les idées qui lui viennent à l'esprit. Car c'est le patient qui « sait » – ce qui est bon pour lui, le sens exact de son histoire – même si, au moment où il consulte, il peut éprouver de la confusion. Nous sommes des révélateurs et des passeurs, mais nous n'avons pas forcément de révélations à offrir.

Quand un patient consulte un psychologue, un psychanalyste, même s'il attend des réponses, un mode d'emploi, ce n'est pas ce qu'il va recevoir. Nous allons lui proposer de travailler lui-même sur sa propre histoire pour en découvrir les failles et les déterminants. C'est à lui de faire le travail, ce n'est pas le praticien qui lui révèle une sorte de vérité qu'il aurait été le premier à distinguer. Et si révélations il y a, elles se découvrent à deux, se co-construisent.

La psychologie, la psychanalyse, la psychogénéalogie, en termes de théorie comme de pratique, ont besoin de faire des ponts avec d'autres disciplines. Je ne crois pas aux méthodologies fermées, aux écoles repliées sur elles-mêmes. La psychanalyse et la médiumnité restent deux démarches différentes, mais sur certains points elles se font écho, pour la simple et bonne raison qu'elles permettent une exploration de la conscience humaine.

C'est la raison pour laquelle certains penseurs ont intégré dans leur approche de la psychologie des manifestations mystérieuses de l'esprit humain.

Par exemple, pour le psychologue suisse C. G. Jung, la synchronicité est l'occurrence simultanée de deux événements au moins qui ne présentent pas de lien de causalité, mais dont l'association prend un sens pour la personne qui les perçoit. La première occurrence se produit le 25 mars 1909. Freud et Jung se retrouvent dans la bibliothèque de ce dernier afin d'évoquer la question des phénomènes parapsychologiques dans la psychanalyse. Freud s'y intéresse, mais estime que le matériau est inexploitable dans la cure. Des craquements se produisent alors, et Jung annonce à son interlocuteur qu'il va s'en produire un autre. Peu de temps après, nouveau craquement. Selon Jung, Freud en fut particulièrement surpris et effrayé, et cela contribua à nourrir sa défiance envers lui, même si de nombreux écrits montrent que les phénomènes occultes l'intéressaient, mais qu'il avait vis-à-vis d'eux une position ambivalente, probablement destinée à protéger la psychanalyse – une science toute neuve – et à protéger son propre fonctionnement mental. Il a d'ailleurs reconnu la télépathie et en parle dans les *Nouvelles conférences sur la Psychanalyse*.

L'exemple fondateur que C. G. Jung choisira pour étayer sa position est celui d'une patiente « éduquée », disposant d'un « fort rationalisme cartésien » et d'une vision du monde tellement « géométrique » qu'il était devenu impossible à Jung de la faire avancer vers une « compréhension un peu plus humaine » du monde. En séance avec lui, elle était en train d'évoquer un rêve avec un « scarabée d'or » quand cet insecte apparut sur une fenêtre. « Le voilà, votre scarabée », dit-il alors. Et c'est cette apparition qui « perfora son rationalisme et brisa sa résistance intellectuelle », ajoute-t-il.

Dans les travaux de recherche de C. G. Jung, le concept apparaît en fait pour la première fois le 18 novembre 1928, dans le compte rendu du *Séminaire sur l'analyse des rêves* : l'un de ses patients avait vu, en rêve, un aigle qui mangeait ses propres plumes. Quelque temps après, Jung se rend au British Museum et découvre un manuscrit alchimique attribué à Ripley et qui représente un aigle dévorant ses propres plumes. Pour lui, des expériences telles que la télépathie ou la télékinésie constituent des phénomènes qui prouvent l'existence des synchronicités. Il écrit : « Ne devrions-nous pas quitter tout à fait les catégories spatio-temporelles quand il s'agit de la psyché ? Peut-être devrions-nous définir la psyché comme une intensité sans étendue, et non point comme un corps qui se meut dans le temps. »

Il s'intéresse aussi aux rêves prémonitoires et à toutes les pratiques de divination, en particulier le Yi-King, pour lequel il écrit une préface à l'édition anglaise en 1948, et qu'il pratique pour lui-même. Pour lui, aucune de ces pratiques n'est « surnaturelle », elles procèdent de l'acausalité et de phénomènes humains, même s'ils ne sont pas reconnus par la science officielle.

Dans cette perspective, la médiumnité apparaît comme disposant d'outils complémentaires à la psychanalyse – que cette dernière peut, le cas échéant, prendre en considération – mais elle ne saurait se substituer à elle et aux efforts qu'une personne se doit de fournir pour avancer sur le chemin d'une meilleure connaissance de soi.

PHYSIQUE QUANTIQUE

Introduction de Massimo Teodorani

Ce qui suit est l'opinion d'un physicien concernant les expériences d'un médium sérieux et expérimenté, Patricia Darré, que j'ai rencontrée pour mon plus grand plaisir à Paris. Même si, en général, ce que racontent les médiums et autres experts du paranormal me laisse sceptique, je dois cependant avouer que certaines de leurs histoires me font une forte impression. C'est le cas quand elles sont cohérentes et que quelque chose en elles résonnent profondément en moi. Surtout, l'expérience de ces personnes, qui est souvent intense et quelquefois même dramatique, stimule beaucoup ma curiosité scientifique. Les cas de vraie médiumnité sont très nombreux dans l'histoire de l'humanité. Évidemment, quelque chose d'important échappe à notre compréhension pour expliquer comment fonctionne la conscience humaine.

Le rôle de la science, et de la physique en particulier, est de trouver les lois précises qui gouvernent l'Univers. L'Univers physique est fondé sur des phénomènes qui ont été pour la plupart expliqués expérimentalement et mathématiquement : l'observation et la modélisation théorique sont les bases de notre connaissance rationnelle, qui n'est pas la vision que nous pouvons avoir de la réalité, mais plutôt la manière avec laquelle les lois de la nature sont écrites. Notre savoir est totalement impersonnel et se doit de décrire des faits objectifs.

L'« expérience paranormale » est quelque chose de très différent des phénomènes normalement contrôlables, simplement parce qu'elle est strictement liée à la subjectivité humaine et à la conscience. Les phénomènes paranormaux et la médiumnité, et d'autres phénomènes comme celui de la canalisation, ne sont pas contrôlables à volonté comme le sont les phénomènes de la réalité matérielle. Cela rend leur traitement scientifique plus difficile. Mais quand les personnes qui sont à l'origine de tels phénomènes sont sincères et honnêtes, cela n'échappe pas à la curiosité de certains d'entre nous. Jusqu'à présent, le paradigme officiel de la science affirme que le domaine de la conscience et le domaine de la matière ne sont pas liés l'un avec l'autre. Mais les seules statistiques, ainsi que certaines expériences menées en laboratoires, montrent que ce n'est pas le cas. Il se pourrait que les phénomènes qui naissent de notre conscience aient des répercussions sur notre vie pratique bien plus qu'on ne pourrait le penser. Notre ignorance sur cette possibilité est fautive, et la science d'aujourd'hui ne peut plus se défiler.

Probablement que la raison pour laquelle la science physique a eu une sorte d'« alerte » sur de tels phénomènes est venue avec la naissance de la physique quantique il y a à peu près quatre-vingt dix ans.

Ses découvertes, dont la compréhension n'est contre-intuitive qu'en apparence, ont ouvert une porte à quelque chose que nous n'aurions jamais imaginé auparavant, plus particulièrement avec le phénomène de l'« intrication » et le comportement totalement étrange des particules élémentaires qui, dans certaines circonstances, défie les lois mêmes de la physique classique. De plus, la seule physique quantique nous a fait découvrir que l'observateur lui-même influe inexorablement sur l'objet observé. Sans aucun doute, le phénomène de l'intrication est ce qui nous a le plus impressionnés. L'interaction des comportements synchrones de deux particules, ou plus, rappelle strictement des phénomènes de la conscience comme, par exemple, la télépathie. Depuis lors, certains d'entre nous se sont mis à soupçonner de plus en plus que le domaine de la conscience et celui des particules se comportent d'une manière étrange et similaire : c'est la raison pour laquelle de sérieux indices mènent à penser que la physique quantique, ou certaines de ses variantes, pourrait être utilisée pour expliquer d'étranges phénomènes psychiques.

Cet échange ne traite pas du paranormal en général, mais plus précisément de ce qui peut se passer quand un médium entre en contact avec l'âme d'une personne défunte. Le cas de Patricia Darré est exemplaire. L'objectif ici n'est donc pas de prétendre expliquer ce qu'il arrive exactement quand elle expérimente de tels contacts, mais plutôt de formuler quelques hypothèses et interprétations. Ces dernières pourraient à leur tour stimuler quelqu'un (et plus particulièrement certains de nos collègues) et ont pour but d'ouvrir la voie à un plan de recherche systématique sur ce type d'« expériences spirituelles », tant sur le plan de la modélisation théorique que sur celui des vérifications expérimentales.

Le seul point de départ possible pour tout cela est de regarder ce que le savoir scientifique actuel peut potentiellement fournir, afin de nous guider pour résoudre au moins partiellement la question. Bien sûr, une telle tentative fait partie de ce que, jusqu'à présent, on a appelé « les frontières de la physique ». Contrairement à ce qui se fait dans la procédure standard de la physique, nous ne pouvons pas ici réaliser des observations ou des mesures directement, la seule chose que nous pouvons faire est de formuler différentes suppositions possibles. Nous marchons à l'aveugle dans cet étrange champ. Par conséquent, le lecteur verra différentes hypothèses ou scénarios ici, dont le but est de susciter une discussion analytique plus large, voire des tests.

L'audace et le courage sont probablement les moteurs les plus importants d'une science innovante. Il est certain que la découverte possible d'une interaction réelle entre des âmes de défunts et des médiums permettrait non seulement d'étendre grandement nos connaissances scientifiques, mais aussi de nous en apprendre beaucoup sur nous, humains, sur notre vraie nature et le rôle que nous avons à jouer dans cet univers. Un univers qui semble bien plus grand que tout ce que nous avions pu penser jusque-là. Il y a des raisons, loin de notre propre ego, pour lesquelles ce qu'on appelle « expérience subjective » pourrait se révéler objective, si nous sommes capables de démontrer que notre âme n'est pas juste une entité transcendante, mais plutôt un « champ physique » réel, capable d'interagir avec d'autres champs similaires, et d'influencer le domaine de la matière dans lequel nous sommes immergés.

La discussion qui va suivre sera principalement basée sur l'interaction entre Patricia et l'âme du physicien quantique David Bohm ; et les discussions qui ont suivi après que j'ai assisté, avec d'autres, à une séance d'écriture automatique que Patricia a effectuée devant nous, et après avoir entendu d'autres de ses expériences et lu ses livres.

Introduction de Patricia Darré

Il est important pour moi de confronter mon ressenti de médium à cette science. J'avais très envie de rencontrer un physicien quantique, non pas pour avoir des réponses – en médiumnité, celles-ci ne sont ni déterminées ni définitives – mais pour essayer d'avancer ensemble sur un terrain qui, théoriquement, nous oppose totalement. C'était donc pour moi une gageure.

Massimo Teodorani est astrophysicien, docteur en physique stellaire, un chercheur sérieux ayant publié de nombreux articles techniques, mais aussi des livres de vulgarisation scientifique. Le choix de ce physicien s'est fait grâce à la collaboration d'Alexandre Adler, qui avait lu ses ouvrages avec grand intérêt. Avant de le rencontrer, je savais qu'il était compétent pour répondre à mes questions, mais je ne savais pas très bien à quoi m'attendre : chaque question posée appellerait, non pas une réponse tranchée, mais une élaboration de solutions.

Ce à quoi je ne m'attendais pas – et à quoi je ne m'attends jamais – c'était de vivre une expérience paranormale devant ce même physicien lors de notre première entrevue…

Je ne connais pas grand-chose en physique quantique, si ce n'est, comme tout un chacun, quelques notions lues ici ou là dans quelque journal, magazine ou livre. Je me méfie un peu de ce qu'on peut lire sur le sujet, car il est à la mode et n'est pas toujours traité avec rigueur. Je voulais pour ma part un échange fiable et rigoureux sur le fond. En rencontrant Massimo Teodorani, je me suis trouvée face à un homme sérieux, un tantinet austère, bien que très aimable. J'étais impressionnée, et à mille lieues de lui proposer de prendre part à une expérience paranormale. Ce jour-là, en plus du physicien et de l'équipe éditoriale avec qui je travaille sur le livre, était présent également Alexandre Adler, et je n'avais pas du tout envie de me donner en spectacle devant tout ce petit monde… C'est en effet un sentiment que j'éprouve chaque fois qu'il me faut entrer en interaction avec des défunts en public, j'ai une espèce de gêne, de pudeur émue dont je ne peux me défaire.

Au moment donc où nous sommes réunis autour d'une table pour discuter et faire cet entretien, je commence à ressentir comme un léger malaise dont je ne m'explique pas encore la cause : une petite fatigue physique ou morale passagère ? Rapidement, les choses se précisent, et au bout de quelques instants, je commence à ressentir dans mon corps et mon esprit une sensation que je connais bien, et que je pourrais décrire comme étant une « intrusion » : il peut s'agir de la mémoire forte d'un lieu qui raconte une scène passée, ou d'une forme-pensée, c'est-à-dire une émotion, une pensée émise par quelqu'un et dont la résonance vibratoire navigue dans les airs et peut être captée, et cela peut être également le signe qu'une entité se manifeste pour entrer en communication avec moi. Quelques instants plus tard, à l'aide d'un petit protocole personnel que j'utilise depuis tant d'années et qui me fait rarement défaut, je comprends qu'il s'agit en l'occurrence d'une entité : quelqu'un est là, parmi nous, que je ne connais pas et que je qualifierais de « lourd », dans une souffrance morale. Je ressens cette personne comme ayant été flouée, un peu persécutée, déçue, n'ayant pas eu le temps de dire et de faire ce qu'elle voulait avant de mourir. Ce sont les premiers sentiments que je ressens concernant cette entité, c'est ce qu'elle imprime en moi. Dans un second temps, je ressens qu'il s'agit d'un homme d'un certain âge, qui a envie de parler à Massimo Teodorani... Comment faire ? Vais-je interrompre la conversation pour dire au physicien : « Vos explications sont intéressantes, mais il se trouve qu'un esprit est là et voudrait vous parler... » ? À vrai dire, j'étais là pour discuter avec le physicien des contacts avec les défunts, et non pour canaliser devant lui une entité... Quelle pourrait être sa réaction ? Bien qu'il soit un scientifique ouvert et curieux, je ne veux pas imposer ce genre d'expérience à Massimo Teodorani, et je fais comprendre à l'entité qu'elle ne peut absolument pas intervenir maintenant. J'essaye de me concentrer sur la discussion et d'oublier cet incident, mais j'ai affaire à une entité qui a un caractère bien plus fort et déterminé que le mien, et qui a une science telle que je me sens encombrée par son savoir. C'est étrange à décrire, mais je suis dérangée par le poids de ses émotions, de ses pensées, mais également par celui de ses connaissances : celles-ci sont tellement vastes que j'ai l'impression de ne pouvoir en capter qu'une partie réduite. Et l'entité ne cesse de me dire : « Je veux parler à Massimo Teodorani ! » Parce que l'expérience m'a appris à ne pas me laisser envahir n'importe où et n'importe quand, je refuse encore, mais apparemment, de l'autre côté, ceux que j'appellerais ma « hiérarchie », en ont décidé autrement, et il semble nécessaire que je fasse passer le message de cette entité. Celle-ci me dit s'appeler David Bohm et commence à parler. Je ne sais pas grand-chose de ce David Bohm, si ce n'est que c'est un physicien du XXe siècle, et j'explique donc la situation à Massimo Teodorani:

« Un homme est là, il veut vous parler ; c'est David Bohm. Il est en colère parce que quelqu'un a volé la dernière partie de ses travaux, qui était la résolution finale qui donnait un sens à tout le reste. Quand il a fait cette découverte, il a voulu la publier et s'en est ouvert à quelques personnes qui lui ont déconseillé de le faire, lui disant que ce n'était pas le moment, que cela allait lui attirer des ennuis. Puis il a réfléchi, et quand il s'est décidé à le publier malgré tout, le manuscrit avait disparu. Il lui a été volé par sa hiérarchie académique. Puis il est mort. Il est en colère aujourd'hui, et il dit qu'il faut absolument publier, continuer la recherche, qu'il faut finir ce travail. »

Je sens que cet homme a une telle frénésie de parler, une telle volonté de s'exprimer et dire les choses lui-même, que cela ne lui suffit pas que je répète ce qu'il me dit, et il finit par prendre mon bras pour les écrire lui-même. Plus que mon bras, il prend mon corps tout entier :

il m'imprègne entièrement de son état, et je ressens son angoisse terrible et son grand désir de communiquer. Je sens toute son agitation, sa colère, son impatience : enfin, il accède à la parole, à l'écriture ! Je commence à trépigner, à m'agiter sur ma chaise, à être prise d'un tremblement dans la main. J'attrape un stylo et une feuille de papier, et il commence à écrire : c'est la seule façon pour moi d'être soulagée, même si son état émotionnel me perturbe et me fatigue beaucoup. Il est négatif, pas dans le mauvais sens du terme, mais dans le sens où il est très dépressif et, comme les gens dépressifs, il fait tourner les énergies à l'envers et je ne me sens pas bien. J'ai froid, je me sens seule au monde et je suis fatiguée… comme lui. Je comprends qu'il n'est pas passé dans l'au-delà et qu'il est resté dans l'instant de sa mort. Il est têtu, et il ne partira pas tant que les choses ne seront pas dites et faites. Il se met à écrire un message en anglais pour Massimo Teodorani, dont voici la traduction :

« S'il vous plaît, finissez le travail, car cela est nécessaire. Je peux vous aider. Je vous aiderai. Il est tellement difficile pour moi de ne pas pouvoir parler. Il m'est arrivé la même chose. Vous apprendrez, et je vous aiderai à finir le travail, car vous êtes celui qui va le faire. Ne vous inquiétez pas, vous recevrez les informations. Je vous donnerai la matière. Prenez soin de vous. Je serai avec vous. David. »

Le message est donc délivré, et la séance de travail va s'écourter, car David Bohm, avec sa frénésie et son angoisse, m'a vidée de toute mon énergie. Si le nom de cet homme ne m'évoque pas grand-chose, il est en revanche très connu des physiciens et de Massimo Teodorani. Comme nous le verrons par la suite, son travail n'est pas complètement étranger à nos préoccupations du moment.

« Comment la physique quantique peut-elle expliquer la communication avec un défunt ? » Pour répondre à cette question, nous avons abordés différents points.

1

Qu'est-ce que la physique quantique, et quel est son rapport éventuel avec des phénomènes liés à la conscience ?

Massimo : La physique quantique étudie le monde microscopique des particules élémentaires comme l'électron, le photon ou encore l'atome. C'est en étudiant le comportement étrange de ces particules élémentaires que l'on s'est rendu compte que ce monde microscopique ne répondait pas aux lois physiques classiques qui gouvernent notre réalité quotidienne.

Par exemple, une particule, avant qu'on ne l'observe, semble se trouver dans beaucoup d'endroits en même temps. Elle se trouve dans un « nuage de probabilités », dans une « superposition d'états ». Pour décrire ces différentes possibilités, il est nécessaire d'utiliser une fonction mathématique particulière appelée « fonction d'onde ». Celle-ci a pour but d'établir la probabilité qu'a une particule de se trouver à un endroit plutôt qu'à un autre. Maintenant, si on mesure cette particule au microscope, l'acte d'observation va perturber son état quantique. En physique classique, quand on observe la Lune au télescope, celle-ci n'est en rien perturbée, mais en physique quantique, l'observateur influe sur l'objet observé.

Que se passe-t-il au moment où l'observation a lieu? Au bout de notre microscope, nous allons trouver la particule à un seul endroit bien précis. Toutes les possibilités qui formaient le « nuage de probabilités », et qui étaient superposées, se sont effondrées pour n'être plus qu'une seule possibilité, celle que l'on observe. Dans le jargon de la mécanique quantique, on appelle cet événement « l'effondrement de la fonction d'onde ».

On pourrait comparer la fonction d'onde à la surface d'une bulle de savon qui cache en son sein quelque chose que l'on ne peut voir, et quand on la perce avec une aiguille, elle disparaît simplement, laissant une petite goutte d'eau. Et bien, dès que l'on s'engage dans un acte d'observation d'une particule élémentaire comme un électron, nous changeons soudainement la bulle de savon (la fonction d'onde) en une goutte d'eau (l'électron trouvé).

Ce constat a mené à une expérience de pensée qui a permis de découvrir l'intrication quantique. Pour bien comprendre ce qu'est l'intrication, imaginez deux électrons qui interagissent l'un avec l'autre quelque part à l'intérieur d'un atome. Maintenant, séparez-les : gardez-en un dans un laboratoire ici, et envoyez l'autre à des années-lumière, à l'autre bout de la Galaxie, par exemple. Observez le premier au microscope électronique : l'observation va perturber son état quantique. Qu'arrive-t-il au deuxième électron qui se trouve à une grande distance, tandis qu'une telle observation est faite? Quelque chose de magique se produit : l'électron éloigné réagit simultanément à l'observation du premier électron. C'est comme si les deux électrons n'étaient qu'une seule et même chose, comme si le temps et l'espace n'avaient exercé aucune contrainte. C'est l'intrication quantique, un mécanisme physique qui a été démontré à la fois théoriquement et expérimentalement dans un laboratoire.

Ce lien synchrone et instantané – qui n'est pas limité du tout par la valeur finie de la vitesse de la lumière, comme dans la théorie de la relativité d'Einstein – est appelé « non local », c'est-à-dire totalement indépendant du temps et de l'espace. Cette « non-localité » arrive dans le domaine de la microphysique, alors que dans notre réalité, nous sommes habitués à la « localité », c'est-à-dire à la causalité, au fait qu'une cause précède un effet, car il existe une indéfectible dépendance au temps et à l'espace, où un signal ne peut dépasser la vitesse de la lumière. Ces quelques notions marquent la frontière entre notre réalité quotidienne, le monde macroscopique décrit par la physique classique, et le monde des particules élémentaires décrit par la physique quantique.

L'hypothèse proposée ici est que ce même mécanisme qui régit deux électrons puisse exister également entre deux âmes (cela n'a pas été démontré scientifiquement pour le moment). Cela pourrait expliquer de nombreux phénomènes psychiques comme ceux de la télépathie, ou encore de la médiumnité et de votre soudaine connexion, Patricia, avec David Bohm. L'âme aurait alors une nature quantique, au même titre qu'une particule élémentaire. L'intrication quantique implique que les deux (le transmetteur et le récepteur) aient interagi au moins une fois. L'interaction produit le lien, qui peut être activé n'importe quand. L'âme est en dehors du temps et de l'espace, par conséquent, elle peut être potentiellement connectée avec tout ce qui a interagi au moins une fois avec l'autre âme. C'est le principe de l'« intrication quantique » pour les particules, mais il pourrait fonctionner avec les âmes également : dans ce cas spécifique, nous aurions deux champs électrodynamiques reliés l'un à l'autre non localement. L'hypothèse ici est que l'âme de David Bohm ait créé une interaction avec votre âme, pour rendre possible leur « intrication psychique ».

Dans le cadre de la théorie du Big Bang, où l'Univers était à son origine concentré en un point, ses composantes devaient être intriquées. Il n'est pas absurde de penser que cet état d'intrication initiale ait, par la suite, avec l'expansion et le refroidissement de l'Univers et la formation des galaxies et de la vie, pu subsister d'une manière ou d'une autre. Selon cette hypothèse, toute la matière dans l'Univers serait secrètement reliée : ce serait alors aux physiciens de découvrir quels paramètres quantiques des particules sont intriqués. Si la matière, constituée de nombreuses particules, est à son tour liée à une étincelle de conscience, alors les « âmes » qui sont attachées à des corps physiques pourraient naturellement être reliées les unes aux autres. De cette façon, tout comme deux électrons intriqués seraient en mesure d'échanger de l'information, quelle que soit la distance qui les sépare, deux âmes intriquées pourraient également communiquer.

2

Quelle serait la nature quantique de l'âme, dans une telle hypothèse ?

Massimo : Selon les études de physiciens théoriques comme Emilio Del Giudice, ce qu'on appelle la « cohérence quantique électrodynamique » gouverne toutes les cellules des êtres vivants. C'est un mécanisme quantique qui implique un « champ interactif » très spécifique qui a la propriété de piloter simultanément toutes les cellules d'un corps biologique (c'est pourquoi l'on parle de « cohérence »), en synchronisant en quelque sorte leur fonctionnement à l'intérieur du corps pour garantir une santé parfaite. Cette « action de pilotage » agit sur les cellules du corps en déclenchant un champ électromagnétique (que l'on peut décrire en physique classique) capable d'influencer les cellules : nous avons donc ici un champ quantique de nature purement informative qui déclenche un champ électromagnétique de nature purement physique, qui peut atteindre les cellules au niveau de leurs atomes. Le champ quantique est comparable à un « logiciel » qui communique non localement (simultanément) avec un « ordinateur » appelé « corps », juste en utilisant un champ électromagnétique.

Ceci se rapporte également à des recherches récentes, comme celles des biophysiciens Peter Gariaev et Fritz-Albert Popp, pour qui l'ADN du corps est capable de produire des « biophotons », l'ADN lui-même paraissant être le lien de connexion entre le corps physique et quelque chose d'autre que l'on pourrait appeler « âme ». Dans un tel cas, l'âme pourrait simplement être un « champ électrodynamique quantique cohérent ». Cela signifie que quelque chose de bien physique agirait aussi quand le « facteur âme » est fortement interactif, tout aussi bien quand vous, Patricia, êtes soudainement en connexion avec des personnes défuntes. La connexion semble se mettre en place en dehors de toute notion de temps et d'espace, et implique deux âmes ou plus qui pourraient être soudainement reliées par un processus d'intrication.

Dans notre exemple, il se pourrait qu'une connexion entre votre âme et celle de Bohm se fasse non localement, et que cela crée un champ électromagnétique qui résonnerait avec vos ondes cérébrales. À ce moment, une interaction est née et la connexion est établie. Dès lors, en supposant que l'onde cérébrale soit une sorte de « pont » connectée à l'âme, celle-ci est comme « branchée » à celle de Bohm. Il ne reste plus qu'à votre cerveau de traduire et décoder l'information reçue en temps réel.

3

Qui était David Bohm, et en quoi sa pensée et sa théorie peuvent-elles nous éclairer sur ces questions ?

Massimo : David Bohm était un physicien universitaire par excellence. Il a accompli une bonne partie de sa carrière en enseignant la mécanique quantique à l'université de Londres, au Birbeck College. Il a élaboré un manuel de physique quantique qui reste l'un des meilleurs et des plus clairs jamais écrits. L'un de ses principaux talents était d'arriver à expliquer en des termes clairs des concepts qui semblaient contre-intuitifs. Il avait une très grande capacité à décrire la signification et le sens caché des équations, ne se contentant pas de les décrire dans leur technicité. Et il était capable d'expliquer des concepts très abstraits et difficiles en utilisant des métaphores.

Bohm ne concevait pas un univers dépourvu de sens, la physique devait donc rendre compte de ce sens caché. C'est pour cette raison qu'il n'a jamais accepté la vision mécaniste de la physique classique, qui considère que toute chose, y compris les êtres vivants, n'est que le rouage d'une horloge, l'être humain n'étant rien de plus qu'un simple robot. Mais il n'adhérait pas non plus à la vision de la mécanique quantique classique, qui conçoit la dimension subtile de la réalité (celle des particules élémentaires) comme une pure fonction de probabilité. Pour décrire sa vision du monde, il a inventé le concept de « l'ordre explicite et implicite de la réalité ». Pour expliquer cela, il a utilisé une métaphore qui résume toute sa pensée et même le sens de ce livre. Il l'a appelée « la métaphore du bateau ». Imaginez un bateau équipé de moteurs très puissants. Ces derniers permettent au bateau de se déplacer rapidement et sur de longues distances. Mais il reste un problème : les moteurs sont totalement inutiles si le bateau ne sait pas où aller. Si tel est le cas, il pourrait tourner en rond sans but, indéfiniment. La seule façon de bien utiliser ses moteurs et de ne pas gaspiller son carburant est d'utiliser un moyen capable d'indiquer au bateau une route précise à suivre. Ce moyen est juste un radar. Dans ce cas, le bateau pourra voyager loin et rapidement dans une direction donnée. Dans cette métaphore, les moteurs, tout d'abord, représentent le domaine de la matière-énergie, où tout arrive selon la causalité et où les événements se produisent dans le cadre de l'espace-temps : tout ceci peut être décrit par des équations qui montrent comment des paramètres physiques varient dans le temps et l'espace et constituent la colonne vertébrale de la physique classique, comme celle de Newton, Maxwell, mais également la théorie de la relativité d'Einstein. C'est le domaine de notre réalité normale, de notre corps et de notre mental. Le radar, quant à lui, représente le domaine de la conscience, une sorte de conscience capable de guider la matière (en particulier les particules élémentaires) dans une direction spécifique, sur la base d'un « déterminisme » fait d'information pure, selon lequel le domaine de la matière est informé constamment de manière non locale. Le radar représente clairement ce que Bohm appelle « le potentiel quantique », une sorte de guide non local qui informe et qui est à la source même du mécanisme d'intrication.

À une plus grande échelle, les moteurs représentent ce que Bohm appelle « l'ordre explicite » de la réalité, l'ordre de la localité et de la causalité, tandis que le radar représente « l'ordre implicite », l'ordre de la non-localité, de la synchronicité et de la conscience. Bohm, à la fin de sa vie, a réécrit une équation célèbre de la mécanique quantique. Il s'agit de l'équation du physicien Erwin Schrödinger, qui décrit l'état quantique d'une particule à laquelle Bohm a rajouté son « potentiel quantique ». Bohm a en effet trouvé mathématiquement que les deux ordres de réalité sont strictement connectés l'un à l'autre, et qu'ainsi, la matière-énergie et la conscience sont parfaitement harmonisées dans l'Univers : de telle façon que la localité et la non-localité forment ensemble l'ordre global de l'Univers, un ordre où tout ce qui existe a un sens, grâce auquel tout ce qui existe n'est fragmenté qu'en apparence (l'ordre explicite) mais à un niveau plus profond, il est intimement lié comme si chaque objet dans l'Univers n'était qu'une seule et même chose (l'ordre implicite). Pour lui, la matière et la conscience ne sont qu'une seule et même chose.

Si nous comparons l'ordre explicite au corps physique et l'ordre implicite (à travers le potentiel quantique) à l'âme, il est facile de voir, si nous voulons utiliser la théorie de Bohm, qu'ils sont strictement liés et que l'un ne peut exister sans l'autre. L'âme, étant non locale et hors du temps et de l'espace, est capable d'être connectée avec un intermédiaire du corps physique : le cerveau, dans ce cas précis. Je pense que la connexion entre Bohm et vous peut être potentiellement expliquée par cette équation. L'hypothèse principale ici est que l'âme de Bohm est soudainement intriquée avec votre âme (les deux appartenant à l'ordre implicite), ce qui déclenche une réaction dans votre onde cérébrale (l'ordre explicite). Ce mécanisme pourrait expliquer d'une manière générale la médiumnité et la communication avec les défunts.

4

Notre cerveau semble être l'intermédiaire entre notre âme et notre corps. Dans cette hypothèse, qu'est-ce qu'un moment de conscience ?

Massimo : D'après les théories les plus récentes, il semble que le cerveau lui-même fonctionne comme un ordinateur quantique, grâce à des sous-composants des neurones appelés « microtubules ». Sur la base de la théorie quantique du cerveau de Penrose-Hameroff, un moment de conscience, qui dure en moyenne un soixantième de seconde chez l'être humain, est produit chaque fois que la « fonction d'onde » quantique qui relie ensemble tous les microtubules du cerveau s'effondre (on appelle cela « l'effondrement orchestré »). On considère que les microtubules ont des propriétés qui permettent d'être liés tous ensemble dans un état global « quantique cohérent ». Cela signifie que les milliards de microtubules agissent comme s'ils ne formaient qu'une seule entité, et peuvent être décrits par une seule fonction d'onde quantique. Ils sont tous intriqués les uns avec les autres. Ce sont juste des entités physiques qui permettent à la conscience de se manifester. Mais la conscience est juste la caractéristique la plus fondamentale de l'âme, et pour nous, êtres humains physiques, tout le processus se fait à partir du cerveau.

Plus le nombre de microtubules intriqués quantiquement est important, plus le temps nécessaire pour atteindre un moment de conscience est court. Par conséquent, une personne moyenne expérimente des millions de moments de conscience chaque jour. Au contraire, une amibe (qui contient également des microtubules, même s'ils sont peu nombreux) n'en expérimente qu'une douzaine. Cela fait de l'humain un être supérieur à l'amibe.

On peut penser que vous, Patricia, lors d'un contact avec un défunt, avez des moments de conscience plus intenses et plus nombreux qu'en temps normal. Le nombre de microtubules dans votre cerveau ne peut être augmenté, mais peut-être que l'âme du défunt peut réussir à les utiliser pour atteindre un moment de conscience et être en mesure de communiquer avec vous. Il se pourrait également qu'à travers le phénomène d'intrication entre les deux âmes, le défunt et vous ne formiez qu'un seul cerveau.

Patricia : Cette hypothèse rejoint complètement mon ressenti et mon expérience. D'après les sensations que j'ai, le défunt utilise mon cerveau pour me communiquer ses impressions. À ce titre, j'ai une anecdote assez frappante, que j'ai vécue il y a peu. J'avais accepté d'aller voir dans le Berry un château que je ne connaissais pas. J'étais en voiture, et dix kilomètres avant d'arriver sur les lieux, il me semble pourtant reconnaître la campagne environnante. Je me dis : « Je suis passé mille fois par ici… » Bizarrement, je n'étais jamais venue dans ce coin-là, mais en arrivant devant la grille du château, je me gare et me dis : « Je connais bien cet endroit, car j'ai habité ici… C'est chez moi !… » En arrivant dans la cour du château, soudain, je comprends : c'est un ancien propriétaire de ce château, mort depuis longtemps, qui m'imprime dans le cerveau les souvenirs de ce lieu où il a habité, et de ses environs qu'il a très bien connus. En entrant dans l'imposante demeure, je fais la connaissance de l'actuelle propriétaire : une dame anglaise charmante, qui fait des travaux de rénovation et organise des soirées musicales dans le château. Très rapidement, je vois que je suis en effet attendue. Un esprit, que je visualise, se tient derrière elle, c'est un vieil homme grand au front très dégagé, l'air triste et austère, mais très gentil. Je l'en informe et lui répète ce qu'il me dit : « Quelqu'un est là, il s'appelle Henri, un des grands propriétaires de ce château ; il est mort en 1850, peu après le grand incendie que le château a connu. Vous ne le sentez peut-être pas, mais il est là, partout. Il habite ce château avec vous, il cohabite avec vous. Il voulait avant tout vous remercier d'avoir acheté cette demeure et de la faire revivre comme vous le faites, vous lui apportez de la joie. Il est passé dans l'au-delà, mais il est revenu pour vous accompagner dans cette rénovation qui lui tient tant à cœur. Il veut la finir avec vous, et encore une fois il vous remercie. »

En fin de compte, quand, à dix kilomètres du château, je commence à reconnaître tous les environs, je suis à la fois Patricia Darré qui conduit sa voiture et qui regarde un paysage qu'elle ne connaît pas, mais je suis également cet homme, Henri, qui reconnaît tout ce qu'il voit et me fait ressentir les émotions que cela lui inspire. C'est comme s'il me disait : « Regarde comme c'est beau, c'est mon territoire, regarde cette nature. Je la connais par cœur, j'y suis passé à cheval maintes fois. » C'est toujours ainsi quand je suis en contact avec des défunts, ils me font comprendre qui ils sont en me faisant vivre ce qu'ils sont.

Je pense que d'une façon ou d'une autre, le défunt utilise le cerveau du médium grâce à qui il communique. C'est le cas quand le médium répète le message qu'il entend du défunt, comme dans l'exemple ci-dessus, et c'est sûrement le cas également en cas d'écriture automatique où l'esprit semble prendre possession du bras et de la main du médium pour écrire son message. Personnellement, quand cela m'arrive, si je ne sais pas ce qu'il va écrire précisément, il n'est pas rare que l'état psychologique et émotionnel du défunt m'imprègne totalement et simultanément, comme dans le cas de David Bohm. En tout cas, l'utilisation du cerveau du médium par le défunt semble assez flagrante dans le cadre d'une transe : le médium est comme endormi pendant que le défunt utilise son corps afin de communiquer. Dans ce cas, le corps du médium bouge et réagit aux stimuli voulus par le défunt ; ce dernier va utiliser les cordes vocales du médium pour parler, il retrouvera ses propres intonations et sa façon de s'exprimer, ses mimiques, il agitera ou non les mains du médium pour appuyer son discours et accompagner ses émotions… Bref, l'esprit du défunt habite littéralement le corps du médium. Mais d'après mon expérience, du fait qu'il est confiné dans le corps de celui-ci, il ne peut en excéder les capacités physiques. Ainsi, quand j'ai canalisé en transe l'esprit de Gilles de Rais, personnage du XVe siècle, il ne parlait qu'en chuchotant, comme s'il se retrouvait dans un corps avec des cordes vocales inadaptées pour faire entendre une voix qui devait être plus grave que la mienne. Surtout, il s'étonnait lui-même de penser à des phrases et des mots précis et de les entendre formulés autrement, dans un français qui n'était pas celui de son temps et qu'il ne pouvait comprendre : comme si les idées qu'il avait, devant obligatoirement être filtrées par mon cerveau, ne pouvaient être exprimées autrement que par mon vocabulaire et donc en français d'aujourd'hui. D'après mon ressenti, je dirais que non seulement le défunt influe sur le cerveau du médium pour lui transmettre un message, mais qu'il ne me paraît pas impensable que le cerveau du médium soit le réceptacle des deux consciences pendant la communication.

5

L'âme d'un défunt est-elle vraiment une conscience vivante, ou simplement de l'information récupérée par le médium ?

Massimo : On peut concevoir l'âme comme un cerf-volant attaché à notre corps par un fil, ce lien permettant de transférer toutes les données collectées par le corps à notre âme. Dans ce cas, le corps est comme un ordinateur, et l'âme à la fois comme le logiciel qui le commande et comme une forme de mémoire de stockage. Quand l'ordinateur meurt, toutes les données sont automatiquement sauvegardées sur ce logiciel, en attendant de trouver un autre ordinateur à partir duquel il pourra être lancé de nouveau. Quand le corps meurt, le fil se rompt et le cerf-volant s'envole au loin. Ce cerf-volant serait également comme un détecteur capable de mesurer tout ce qui arrive à un être vivant et pouvant tout enregistrer comme une clé USB.

Il est ainsi possible que toutes nos émotions et expériences soient constamment stockées dans une sorte de « disque dur », qui contient la mémoire de tout ce qui a été pensé et vécu émotionnellement par tous les êtres vivants dans l'Univers. Toutes ces données seraient stockées dans une sorte de « grande bibliothèque ». Dans cette hypothèse – qui est en substance le même concept que l'Akasha de la philosophie hindoue –, toutes les âmes actives dans l'Univers seraient simplement des terminaux connectés à un super ordinateur central non local.

Comment cela pourrait-il fonctionner, et où se trouverait cette « grande bibliothèque » ? Simplement dans le vide quantique : celui-ci est présent dans les atomes de notre corps, mais aussi dans tous les atomes de matière, constitués en grande partie de vide et dans lequel les protons, les neutrons et les électrons sont immergés. Si nous supposons que ce vide est le lieu de la conscience, alors tout ce que nous vivons y est transmis et mémorisé. Les données sont ainsi transmises instantanément à la « grande bibliothèque ». Celle-ci n'est pas située à un endroit précis, mais se trouve partout dans l'Univers, à l'intérieur même du vide quantique dans lequel tous les atomes de l'Univers sont immergés. L'hypothèse est ici que le vide contient (ou est lui-même) la mémoire de tout ce qui a été pensé ou ressenti durant une vie ou plus, et que cela fonctionne comme un super ordinateur quantique qui rassemble toute l'information vécue par les êtres vivants.

Le vide quantique n'est en fait qu'un vide apparent, car il peut s'auto-activer, pour créer ce qu'on appelle des « particules virtuelles », une sorte de création à partir de rien. Ce qui est confirmé par la théorie mathématique, ainsi que par des expérimentations. On peut citer, ici, l'expérimentation menée il y a des décennies par le physicien Hendrik Casimir, qui a effectivement démontré que le vide peut soudainement exercer une pression sur une plaque métallique, comme s'il était animé par une force.

Il se pourrait ainsi que le vide quantique soit une sorte de « bande magnétique », où les particules virtuelles qu'il contient sont utilisées pour coder l'information qui vient directement de l'âme ou de la conscience, de la même façon qu'on utilise les bits pour coder une information dans un ordinateur. Cette information pourrait être activée à n'importe quel moment après qu'une impulsion a été donnée.

Ce mécanisme pourrait expliquer le contact entre vous, Patricia, et un défunt. L'hypothèse principale ici est que lorsque vous êtes en contact avec un défunt, vous arrivez à « télécharger », en quelque sorte, l'information concernant ce défunt qui est contenue dans ce vide quantique. Cela pourrait fonctionner comme si vous téléchargiez l'information contenue sur une « page Web » spécifique, qui serait en permanence accessible sur cet « Internet cosmique » non local, auquel nous serions tous connectés sans le savoir. Dans cette hypothèse, l'information récupérée pourrait ne pas avoir d'identité propre et ne pas être une conscience vivante : le médium ne ferait que réactiver l'information d'un défunt, sans pour autant être réellement en contact avec l'esprit de ce dernier. On pourrait considérer l'âme comme un processus d'information, tout comme l'information contenue dans un CD ou une clé USB, qui n'est pas vivante, mais qui peut être réactivée n'importe quand. Le médium ne ferait que lire l'information concernant la vie d'un défunt comme on lit un CD ou un livre.

Le médium pourrait ainsi récupérer des informations et des émotions concernant une personne, qui remonte au temps où celle-ci était vivante. Par exemple, dans le cas de votre connexion avec David Bohm, il se pourrait que vous ayez « téléchargé » de la « grande bibliothèque » les informations datant de la fin de la vie du physicien, quand celui-ci a pu se sentir frustré de ne pas avoir complété ses recherches et d'avoir été empêché de publier certains de ses travaux. La réactivation de ces souvenirs peut donner l'impression au médium qu'il est en contact avec une entité, alors qu'il ne s'agit que d'une simple mémoire passée.

Patricia : L'hypothèse de la « grande bibliothèque » est intéressante, et je pense que toutes les informations nous concernant sont en effet « stockées », même si nous n'y avons pas toujours accès. L'idée que cela puisse être dans le vide quantique est séduisante, car en effet, les informations ne se trouvent pas à un endroit précis, mais partout. Il peut arriver au médium, en effet, de capter une information sans que nécessairement cela soit le fait d'une communication avec une entité. C'est au médium d'avoir du discernement : il doit pouvoir distinguer une interaction avec un esprit d'une simple information prélevée dans une « banque de données ». Nous avons des programmes différents de lecture, le tout est de savoir lequel est activé. Pour ce qui est de capter exclusivement des informations sans connexion avec une entité, on peut citer la mémoire des lieux. Il m'est arrivé, par exemple, en touchant le mur d'un château, d'entendre des chevaux, des chiens ainsi que des gens parler, comme s'ils rentraient d'une partie de chasse ; il ne s'agit en aucun cas d'entités qui se manifestent, c'est un enregistrement d'une scène passée qui, en fonction du climat, de l'humidité, de la proximité d'un cours d'eau, va se rejouer. Certains médiums ne font pas la distinction. Je me souviens ainsi d'un médium qui me disait : « Chaque soir, je vois un cavalier traverser ma cour où il y a eu une scène de guerre au XVIIIe siècle. » Mais le cavalier dont on parle n'est pas une entité, il ne répond à aucune question, c'est la réminiscence d'un épisode passé qui se rejoue indéfiniment… C'est ce que j'appelle une « rémanence énergétique » ; il n'y a ni conscience ni esprit, essayez d'entrer en contact avec l'une d'entre elles, vous n'aurez pas plus de réponse qu'en parlant à un magnétophone !

Certains objets gardent également une mémoire. En touchant un vieil os, je peux avoir accès à des souvenirs de la personne à qui cet os appartenait, un fait marquant, une maladie, son apparence, les traits principaux de son caractère… Ce sont des informations sur ce qu'était la personne à l'époque où elle a vécu, mais il n'y a aucune entité qui me parle.

De la même façon, nos émotions, nos pensées peuvent laisser une sorte de trace énergétique dans l'air, c'est ce qu'on appelle une forme-pensée. Il peut arriver ainsi que l'on capte la résonance vibratoire de certaines émotions ressenties par d'autres avant nous. Par exemple, en allant visiter Oradour-sur-Glane, ce village tristement célèbre pour le massacre de ses habitants par les nazis le 10 juin 1944, j'ai eu cette pensée : « Comment avez-vous pu dormir ? » J'ai appris par la suite que cette même question avait été posée par l'un des villageois survivants aux responsables et militaires nazis lors de leur procès en 1953. Cette interrogation, qui résume toute l'indignation que l'on ressent face à ce massacre, est une forme-pensée ; elle n'est en rien liée à une communication avec un défunt.

Dans ces exemples, il semble en effet que certains « souvenirs » soient enregistrés, qu'il y ait comme une bande magnétique qui s'active, dans laquelle on puisse aller puiser des informations. Cependant, l'hypothèse que la conscience est comme dissoute après la mort physique et qu'il ne resterait plus que des mémoires stockées que le médium pourrait réactiver me semble incomplète et insuffisante. Tous ces enregistrements ne sauraient en rien expliquer ce qu'est l'au-delà. Quand je suis connectée avec une entité, ce n'est pas le même ressenti, je suis en contact avec une conscience vivante, animée d'une volonté propre. Je ressens sa présence physique, son caractère et son état psychologique. Plus qu'une information ou une phrase, je ressens son état général, ses émotions. Alors qu'une simple information est stagnante, fixe, à disposition, l'entité, elle, est mobile : elle bouge et s'exprime. Son histoire est toujours celle de sa vie passée, ce qu'elle a vécu avant de mourir, mais sa requête ou son message est toujours en lien également avec le présent. Par exemple, pendant la séance d'écriture automatique, si David Bohm m'a fait ressentir tout le désespoir, le froid et la solitude qu'il a pu ressentir au moment de sa mort, ainsi que son impatience à communiquer, et son sentiment d'inachèvement pour son travail, c'est pour des raisons précises en rapport avec le présent : il veut qu'aujourd'hui son travail soit complété par d'autres scientifiques. Pour moi, une communication avec une entité est toujours un contact avec une conscience vivante qui a besoin de s'exprimer ici et maintenant. Comment expliquer, sinon, le fait que je ne cherche pas à communiquer avec ces entités, et que la plupart me sont complètement étrangères et inconnues ? Ne les connaissant pas, comment pourrais-je vouloir communiquer avec elles ? Il y a toujours une intention qui ne m'appartient pas, qui est extérieure à moi. Je n'attends rien, ce sont toujours elles qui me font sentir leur présence et qui viennent communiquer.

Avec un peu d'expérience et de discernement, il est possible pour un médium de différencier ce qui relève de la simple captation d'informations et ce qui constitue un contact avec un défunt, c'est-à-dire une conscience bien vivante.

6

Si les entités sont des consciences vivantes, ont-elles un corps ? Où se trouvent-elles ?

Massimo : Selon la théorie quantique du cerveau de Penrose-Hameroff, un moment de conscience n'est possible que s'il existe un corps physique permettant « l'effondrement orchestré » des microtubules du cerveau. Autrement dit, il ne peut y avoir de conscience que si l'âme est « accrochée » à quelque chose de physique : s'il n'y a pas de matière qui permette un effondrement quantique, la conscience d'un défunt ne peut se manifester, celle-ci serait une sorte de « fonction d'onde non effondrée » ; et il serait impossible pour l'esprit du défunt d'avoir conscience de lui-même, car il serait dans un état suspendu ou d'hibernation. Tout comme il est difficile d'imaginer un logiciel pouvant fonctionner sans ordinateur, on peut penser qu'un corps est un élément indispensable pour activer la conscience. Pour qu'il y ait conscience, il faut donc que de la matière puisse garantir un haut niveau de cohérence quantique.

Quelque chose de très similaire à la cohérence quantique est, par exemple, garanti dans le plasma, qui est une agrégation apparemment aléatoire d'électrons libres et d'ions. Le concept de plasma (le quatrième état de la matière) me fait penser à David Bohm, car il a commencé sa carrière de chercheur en travaillant sur ce sujet, et c'est lui qui a découvert le « comportement coopératif » de ce dernier : toutes les particules d'un plasma sont strictement connectées les unes aux autres, même si de grandes distances les séparent. Elles agissent comme si elles n'étaient qu'une seule et même chose. Il semble que cela soit très proche de la cohérence quantique que l'on retrouve dans les microtubules du cerveau des êtres vivants. Par conséquent, se pose la question suivante : Est-ce qu'une âme peut « s'accrocher » à certains plasmas disponibles dans la nature, et peut-elle en changer la structure globale, voire contrôler son mécanisme de confinement ?

Il existe d'ailleurs d'étranges phénomènes de plasmas qui apparaissent dans le monde sous forme de « boules de lumière » atmosphériques. Celles-ci sont souvent prises pour des ovnis. De nos jours, les théories en physiquc offrent certaines réponses sur le mécanisme à l'origine de ces boules de lumière : la piézoélectricité des roches dans le sol peut injecter des électrons et des ions dans l'air pour former une boule de lumière. Néanmoins, la raison pour laquelle ces boules de lumière ont une forme si sphérique, confinée et de longue durée reste aujourd'hui encore un mystère. J'étudie depuis plusieurs années ces phénomènes en utilisant des outils de mesure semblables à ceux utilisés en astronomie, et j'ai fait de nombreuses publications scientifiques sur le sujet.

Il est impressionnant, également, d'entendre de la part des témoins de ces phénomènes qu'ils ont « mentalement interagi » avec ces boules de lumière qui quelquefois semblent leur courir après, ou sont capables de mener des actions comme des mouvements soudains dans le ciel, ou d'émettre des pulsations lumineuses synchrones avec les actions de ceux qui les observent.

Encore plus impressionnant est le fait que certains chamans, comme ceux qui vivent dans la vallée de Calingasta en Argentine, semblent capable de communiquer avec ces boules de lumière qu'ils considèrent comme étant des « entités spirituelles ». Certains peuples indigènes les appellent « les âmes volantes des morts », et certains bouddhistes qui vivent dans des montagnes en Chine les décrivent comme des « lumières de Bodhisattva », car ils pensent qu'elles sont le fait d'âmes évoluées !

Mais les plasmas ne sont pas forcément visibles avec nos yeux (comme dans le cas des boules de lumière qui sont rapportées de manière récurrente, par exemple à Hessdalen, en Norvège). La physique affirme que lorsque leur température est trop basse, ils ne sont visibles qu'avec des instruments de mesure comme les caméras thermiques, très sensibles au rayonnement infrarouge. Si cela est vrai, je ne peux exclure qu'un « plasma d'âmes désincarnées » puisse venir nous rendre visite, même si la plupart du temps nous ne pouvons les voir. Ces âmes pourraient utiliser des plasmas préexistants de nature géophysique, ou bien provoquer leur formation en utilisant les molécules d'air et en les ionisant : cela pourrait être un moyen possible et temporaire d'activer la conscience de ces âmes.

Je sais que les gens parlent beaucoup d'« ectoplasmes » quand ils voient ce qu'on appelle des « fantômes ». Nous n'avons pas encore une science physique à propos de cela, mais il se pourrait que l'on y arrive tôt ou tard. Certaines idées qui affleurent sont loin d'être déraisonnables.

Patricia : On a vu, au XIXe siècle, ce qu'on appelle des « médiums à ectoplasmes » : une sorte de nuage blanc phosphorescent ayant souvent la forme d'un visage ou d'une main, qui se matérialisait autour du médium en transe ; l'entité utilisait cette énergie pour se reconstituer quelques instants. Avec l'évolution des technologies, les magnétophones, les enregistreurs et les caméras ont vu le jour. C'est l'utilisation de ces outils modernes – que certains utilisent pour communiquer avec l'au-delà – qui a fait tomber dans les limbes de l'oubli cette médiumnité à plasma. En tout cas, même si cela ne correspond pas à ma pratique, je suis persuadée que certaines entités utilisent quelquefois cette énergie et ce plasma pour apparaître ou se signaler.

Personnellement, tous les défunts que je vois sont en deux dimensions : l'image est dans ma tête, c'est une sorte de projection mentale. Par exemple, quand je suis entrée en contact avec David Bohm, je voyais ce dernier assis à côté de moi : il était maigre, desséché, d'une grande pâleur, les cheveux gris, vêtu d'une chemise blanche et d'une veste. Mais il n'était pas pour ainsi dire dans la pièce, je le visualisais intérieurement. Ne sachant pas à quoi il ressemblait, je peux dire a posteriori qu'il m'a paru bien plus vieux et maigre ce jour-là que sur toutes les photos que j'ai pu voir de lui sur Internet par la suite. Cela me semble donc bien correspondre à une réalité que je ne savais pas et ne pouvais pas connaître.

De la même façon, dans ce château en cours de rénovation dans le Berry, je visualisais derrière cette dame anglaise l'ancien propriétaire du XIXe siècle. Lorsque je lui ai décrit cet homme, elle m'a dit que ce signalement ressemblait beaucoup à celui du descendant qui lui avait vendu le château. Pour moi, il était avec nous, car sa présence était palpable, l'atmosphère était lourde tout en étant ailleurs, dans sa réalité à lui : en effet, quand je le visualisai, il était dans son château de l'époque tel que lui l'avait connu, avec des rideaux bleus aux fenêtres et des canapés bleus. Ce qui n'était alors plus le cas, bien évidemment. Mais c'est dans cet ancien décor bleu qu'il me parlait, il ne connaissait pas les décorations modernes de l'actuelle propriétaire, et peu lui importait, ce qu'il ressentait, c'est que plus la rénovation et les travaux avançaient, plus le château gagnait en vibrations et retrouvait son harmonie. Il était donc ici tout en étant ailleurs. Et son évolution, sa vibration et son bien-être dépendaient également des travaux, et donc de ce qui se passait ici et maintenant dans notre propre réalité.

Pour moi, ces défunts sont dans une autre dimension, une autre réalité, mais leur monde et le nôtre sont en perpétuelle interaction. Je pense que leurs corps et leur environnement sont constitués d'une matière moins dense, moins lourde, moins obstruante que la nôtre. Dans cette dimension, ils peuvent recréer l'environnement qui correspond aux besoins de leur évolution.

Massimo : Une âme désincarnée, si elle n'est pas qu'une simple « trace » énergétique et informationnelle laissée ici par les gens qui ont vécu sur cette Terre, doit avoir un corps d'un certain genre afin d'être consciente d'elle-même, et donc de pouvoir communiquer avec d'autres âmes sur sa propre initiative. Pour reprendre l'exemple de la communication avec David Bohm, il se pourrait que la conscience de ce dernier vive dans une autre réalité faite d'une sorte de matière peut-être plus subtile que celle que nous connaissons, mais qui serait néanmoins de la matière. Si la conscience, pour se manifester, a besoin de moyens quantiques cohérents, comme par exemple les microtubules dans le cerveau, on pourrait penser que les défunts sont constitués d'un corps biochimique différent du nôtre, mais qui leur permettrait d'assurer cette cohérence quantique et d'être conscient d'eux-mêmes.

La mécanique quantique a vu naître en son sein des théories qui prévoient bien plus de dimensions que les trois, plus le temps, dans lesquelles nous vivons. On peut citer par exemple la théorie des supercordes, qui affirme qu'au moins dix dimensions doivent être prises en compte pour expliquer toutes les forces de la nature en physique.

Il y a également ce qu'on a appelé « l'interprétation des mondes multiples » du physicien Hugh Everett, qui se montre à cet égard extrêmement intéressant. Comme nous l'avons vu précédemment, la mécanique quantique standard affirme qu'avant que l'on observe une particule élémentaire, celle-ci peut se trouver dans beaucoup d'endroits simultanément. Elle est dans un état suspendu, dans un nuage de probabilité. Mais quand nous l'observons, nous la trouvons dans un seul endroit bien précis. On dit que « la fonction d'onde s'effondre » pour donner la réalité que l'on observe. C'est l'interprétation classique de la mécanique quantique, une seule possibilité est réelle. Au contraire, l'interprétation d'Everett affirme qu'au moment où la fonction d'onde s'écroule, toutes les autres possibilités ne sont pas annihilées au moment de l'observation, mais qu'elles sont matérialisées simultanément dans d'autres dimensions, même si celles-ci semblent invisibles et inexistantes pour nous. Le terme « autres dimensions » ne signifie pas qu'il n'existe pas de matière ou de corps dans celles-ci, mais que la réalité est divisée en de nombreux royaumes différents, faits de matières de genre très varié.

Le mécanisme de l'intrication quantique fonctionne en théorie entre des particules élémentaires situées dans des dimensions différentes. Il se pourrait qu'il fonctionne de la même façon avec des âmes situées dans différentes dimensions. Comment cela pourrait-il être le cas, si deux particules sont physiquement séparées l'une de l'autre par une frontière qui les empêche de se rencontrer ? Comment pourraient-elles interagir ? Il se pourrait que ce soit la conscience qui crée soudainement cette interaction, une interaction entre deux consciences, c'est-à-dire deux âmes. À ce moment, cette âme, qui est intimement reliée au corps qu'elle gouverne, communique instantanément la connexion à l'autre corps par le biais de son âme, afin que les deux corps et les particules qui les constituent puissent expérimenter une interaction qui, à son tour, permet un lien d'intrication.

7

Une dernière séance d'écriture automatique avec David Bohm : le concept de dissociation

Patricia : Apres ma rencontre et ma séance de travail avec Massimo Teodorani à Paris, chacun rentre à son hôtel. Nous nous fixons un horaire pour se voir au petit déjeuner le lendemain matin, avant qu'il ne rentre en Italie et moi dans le Berry. En attendant, je suis épuisée, le contact avec David Bohm dans l'après-midi m'a vidée de toute mon énergie. Arrivée dans ma chambre d'hôtel, je ne me sens pas bien et mets cela sur le compte de la fatigue. Ce que je vais comprendre a posteriori, c'est qu'en fait, l'esprit de David Bohm m'a suivie et qu'il continue à m'imprégner de son sentiment d'angoisse et de son état dépressif. Je ne comprends pas tout de suite qu'il est là et qu'il veut transmettre un autre message à Massimo Teodorani. Je me sens très mal et m'allonge. J'essaye de regarder un film, d'écouter un peu de musique, de lire mais je n'arrive pas à fixer mon attention sur quoi que ce soit. Mon esprit ne m'appartient plus complètement, quelque chose d'autre est là… J'appelle mon fils comme si c'était la dernière fois que je lui parlais : « Est-ce que tu aimes ta mère ? » Il me dira par la suite que cet appel l'avait beaucoup préoccupé, car il ne me ressemblait pas… et pour cause ! Je parviens à m'endormir avec beaucoup de difficultés. Vers une heure du matin, je suis réveillée violemment. J'ai froid, j'ai l'impression d'être dans un taxi londonien où je viens juste de mourir… et je suis terriblement angoissée. Cet état est bien évidemment celui de David Bohm, qui me fait revivre le moment de sa mort. C'est l'angoisse d'un esprit qui n'est pas passé dans l'au-delà, qui est obnubilé par un problème qu'il veut régler avant de partir. Ceux qui sont passés de l'autre côté ne sont pas aussi tourmentés. Je sens la présence de David Bohm dans la chambre. Il me parle et me dit : « Je suis désolé pour cet après-midi, je ne suis pas discourtois et je ne pensais pas vous faire du mal ni vous importuner… Mais vous savez, j'attends depuis tellement longtemps le moment où je pourrais enfin communiquer !

Personne ne me perçoit ! » Il m'explique qu'il a essayé de faire part à des scientifiques de ses idées, mais qu'ils ne peuvent l'entendre. En effet, les esprits qui ne sont pas passés dans l'au-delà et qui veulent communiquer avec les vivants sont souvent désespérés de constater que personne ne les voit ni ne les entend. Il me demande : « Je veux parler à Massimo Teodorani, pouvez-vous prendre un message pour lui ? » Éreintée, j'accepte en espérant que cela finisse rapidement, car son mal-être est tellement envahissant que je n'ai qu'une hâte, qu'il parte pour enfin être libérée du poids de cette anxiété et me sentir bien. C'est un message en anglais que je prends en dictée. Je me souviens qu'il a insisté beaucoup sur le concept de « dissociation », mot qu'il a répété à de nombreuses reprises : « Il doit orienter les recherches vers ce concept de dissociation pour avancer. » Après avoir pris ce message, je trouve un peu plus la paix et peux me rendormir. Il n'est pas facile pour les défunts de communiquer avec les vivants, aussi utilisent-ils l'énergie du médium. Les contacts sont souvent éprouvants physiquement, et quand je me réveille le matin, j'ai été tellement vidée par les communications de la veille avec David Bohm que je suis éreintée comme on peut l'être le lendemain d'une sérieuse cuite. Tant bien que mal, je retrouve Massimo Teodorani pour le petit déjeuner. Je lui explique ce qui est arrivé pendant la nuit et lui tends le papier sur lequel est retranscrit le dernier message de David Bohm. Il me regarde étonné, prend le papier et lit le message. « Je ne comprends pas, me dit-il, la dissociation n'est pas un concept de physique quantique. » Il semble plongé dans ses pensées, et tout à coup son visage s'illumine : « Mon Dieu ! J'ai compris ! Il faut que je sorte… » Il est allé respirer dehors et on s'est quittés peu de temps après. Il m'a remerciée et m'a dit qu'il allait réfléchir à tout cela. Quelques semaines plus tard, j'ai eu Massimo Teodorani au téléphone et je lui ai posé la question suivante : qu'est-ce que le concept de dissociation peut signifier, d'après vous, en physique quantique ?

Massimo : D'après le deuxième message que vous avez capté, David Bohm répète que la « dissociation » est la bonne direction à donner à ses recherches. Qu'il n'ait pas réussi à compléter sa théorie physique de son vivant ou qu'il en ait été empêché explique sa frustration et son impatience aujourd'hui. Je pense qu'en utilisant ce terme, il a voulu dire « séparer en plusieurs dimensions » : il voudrait que sa théorie soit étendue à toutes les dimensions existantes possibles. Son équation est dérivée de la fonction d'onde qui décrit l'état quantique d'une particule, il paraît donc nécessaire de l'étendre pour l'inscrire dans une perspective multidimensionnelle qui dépasse celle à trois dimensions que l'on connaît. Il serait intéressant de trouver une telle équation. Cette « mise à jour » pourrait utiliser à la fois la théorie des supercordes et celle de « l'interprétation des mondes multiples ». Dans cette dernière théorie, quand on observe une particule à un endroit précis, tous les autres endroits où elle aurait pu se trouver se matérialisent dans d'autres dimensions. Dans cette hypothèse, si cette particule est dissociée et matérialisée dans différents mondes, il est logique de penser que toutes ces « possibilités existantes » sont une seule et même chose et doivent être nécessairement connectées les unes aux autres de manière non locale, même si cela n'est plus le cas physiquement. En principe, ces autres réalités existantes dans d'autres dimensions sont comme les reflets d'un même objet dans une salle des miroirs. Il n'est pas difficile d'identifier l'âme à ce seul objet, et les vies parallèles aux reflets sur les différents miroirs. Par conséquent, un subtil moyen de communication doit exister entre les dimensions qui sont intimement liées les unes aux autres : bien sûr, la conscience est la seule façon d'établir et de maintenir une telle communication, une conscience qui ne connaît aucune contrainte, ni de temps ni d'espace.

En poussant la logique de cette « dissociation », on arrive donc à la conclusion que notre esprit pourrait également être capable de vivre dans plusieurs dimensions simultanément, même si notre ego, notre identité nous oblige à n'avoir conscience que de notre seule réalité quotidienne, comme si notre personnalité, notre ego n'était qu'un oiseau dans une cage. Il nous arrive quelquefois d'avoir des rêves étranges, qui semblent encore plus vrais que ne l'est notre réalité. Quel est le sens de cela ? Notre subconscient essaye-t-il de nous stimuler pour que nous trouvions notre vrai soi ? Nous pensons être, en tant qu'individus humains, comme une multitude de fleurs plantées dans un grand pré. Nous n'avons jamais pensé être le pré lui-même, qui s'étend partout et qui n'est qu'une seule chose, dont chaque atome n'est qu'une partie d'une seule et même entité. Mais de quel « pré » s'agit-il quand on parle de « dissociation » ? Cela signifie probablement que nous ne sommes pas seulement cet ego ou cette « personnalité » que nous pensons être, mais que nous sommes bien plus, dans le sens où nous sommes littéralement dissociés, c'est-à-dire que notre vraie nature est d'être libres et non pas prisonniers d'une cage en trois dimensions. Dissociés de quoi ? Dissociés de notre ego, car notre vraie nature est d'être « associé » à la vraie réalité qui se trouve en dehors de cette prison. Que signifie cette « association » ? Cela pourrait signifier une union synchrone avec un « réseau interdimensionnel » où beaucoup de dimensions s'interpénètrent et où notre conscience passe continuellement de l'une à l'autre. Peut-être que certains « rêves lucides » que nous faisons, où nous nous percevons avec un corps dans des environnements très précis pourraient correspondre à des mondes parallèles dans lesquels notre conscience a décidé d'aller pour expérimenter et agrandir sa connaissance et sa compréhension de la réalité.

À l'instar de David Bohm qui est venu communiquer avec vous, il se pourrait qu'une fois que nous sommes morts physiquement dans cette réalité-ci, notre conscience soit transférée dans l'un de ces mondes parallèles. Notre âme serait multidimensionnelle et notre conscience serait comme transplantée dans la plus adéquate de ces dimensions parallèles. Dans cette hypothèse, il semble que le but de ce « mécanisme de transplantation » soit de préserver, et même d'accroître notre conscience. La conscience devient comme de l'eau qui se déverse dans des trous : elle rentre à l'intérieur et remplit d'autres conteneurs pour être conservée. Cette existence simultanée de la conscience dans de nombreuses dimensions parallèles fait que toute l'information acquise est préservée : tout comme il existe un principe de conservation de l'énergie et de la matière pour le domaine physique, « un principe de conservation de l'information » pour le domaine de l'âme devrait être invoqué !

De cette façon, le concept de « dissociation » de la conscience dans plusieurs dimensions pourrait être la clé pour garantir et expliquer la survie de l'âme, peut-être pour toujours. Cette hypothèse est tout à fait en lien avec le travail de David Bohm et sa frustration quand, dans la seconde partie de sa vie, il a essayé d'expliquer la source du potentiel quantique en imaginant par la suite l'ordre implicite. Il est passé, sans s'en rendre compte, de la théorie physique à une démarche plus proche de la philosophie. C'est alors qu'il a collaboré avec des penseurs tels que Krishnamurti. Pendant ces années-là, Bohm n'était plus capable en quelque sorte de voir la route de manière claire, et son raisonnement, même en étant logique et très profond en soi, n'était plus porté par la rigueur de la physique mathématique. Mais la physique seule peut prouver ou réfuter, même si cela n'est que théorique, une possible réalité. Je pense que là réside l'une des raisons principales de sa frustration, et particulièrement quand, à la fin de sa vie, il retrouva le chemin de la physique, mais fut empêché de continuer et mourut.

Par conséquent, comme vous l'avez ressenti très clairement, Bohm a le sentiment permanent d'un travail incomplet. Son âme y réfléchit toujours et il manifeste en même temps l'urgence que quelqu'un continue là où il s'est arrêté.

Si les recherches de Bohm devaient aboutir, et si j'interprète bien ce qu'il a voulu dire par « dissociation », alors nous aurions sûrement une théorie scientifique qui permettrait de mieux expliquer ce qu'est la conscience, et qui prouverait sa survie après la mort physique. L'humanité demande avec insistance cette découverte au potentiel si grand, car aujourd'hui plus que jamais, alors qu'elle a la capacité de s'autodétruire, elle a un besoin désespéré de trouver sa vraie nature. Sûrement les conflits et les guerres interminables qui rongent notre humanité sont-ils une des conséquences de ce sentiment de peur qui nous étreint en pensant que tout a une fin. David Bohm était un homme d'un grand altruisme, et il pensait avoir découvert qu'en réalité, à un certain niveau, nous sommes tous unis. Le fait d'achever son travail pourrait apporter un peu plus de paix et de sérénité, peut-être à son âme, et surtout à l'humanité tout entière.

Conclusion de Massimo Teodorani

Afin de confirmer ou mettre de côté certaines des hypothèses avancées, il faut construire une science physique rigoureuse et éclairée, capable de chercher des réponses aux problèmes fondamentaux de l'existence humaine. J'ai été le témoin d'une séance d'écriture automatique de Patricia Darré, et il est impressionnant de voir quels importants effets physiologiques elle a manifestés, comme une accélération du pouls, par exemple, au moment où le contact avec David Bohm s'est établi. Une bonne approche expérimentale peut être mise en œuvre afin de comprendre ce qui arrive à Patricia pendant qu'elle est en contact avec des personnes défuntes. Que se passe-t-il dans son cerveau et autour d'elle ? Il est possible de le savoir en utilisant des instruments de mesure précis. En plus de l'électrocardiogramme qui permet de mesurer les battements du cœur et de l'électroencéphalogramme qui mesure les ondes cérébrales, on pourrait utiliser une caméra thermique pour voir si le corps change de température et si quelque chose d'étranger apparaît autour d'elle. Une caméra à haute vitesse pourrait être utilisée pour obtenir des images d'une très grande précision. On pourrait également utiliser un détecteur de photons et un détecteur électrostatique : cela permettrait de voir si des biophotons et de l'électricité statique émanent de son corps. Un spectromètre pourrait mesurer si un champ électromagnétique étranger apparaît et une sonde magnétique permettrait de vérifier si l'intensité du champ magnétique est altérée pendant la transe.

Tous ces instruments peuvent être reliés et contrôlés par un ordinateur utilisant un logiciel spécifique. Il est évident qu'une vraie science quantitative sur de telles données ne pourrait être menée que si des corrélations temporelles peuvent être trouvées parmi les paramètres numériques mesurés par ces instruments. Cela permettrait à des scientifiques de créer des graphiques et d'élaborer des équations qui décrivent théoriquement les nombres relevés pendant les actes de mesures, et construire ainsi un modèle physique capable de rendre compte des observations faites.

Une telle procédure pourrait aider à comprendre ce qui se passe dans le corps de Patricia, et plus particulièrement dans son cerveau, mais également ce qui interagit avec elle sous forme d'un possible champ électromagnétique. La connaissance de ces paramètres physiques et physiologiques pourrait aider des théoriciens à comprendre comment les phénomènes de conscience comme ceux expérimentés par Patricia agissent sur son corps physique.

Le monde de l'âme est la plus grande inconnue dans nos vies. Une connaissance scientifique possible sur le sujet serait la clé de notre propre réalisation, en tant que personnes qui sont bien plus qu'un simple corps physique et un esprit. Sans même invoquer la médiumnité, le fait que nous ressentions des émotions, que nous ayons des rêves, des intuitions depuis le début de l'histoire de l'humanité a inspiré des philosophes, des spirites, des poètes, des religieux. L'existence ou la non-existence de l'âme et sa possible survie après la mort a divisé de nombreuses personnes, en créant principalement deux camps : les athées et les religieux. Tout cela est devenu une question de foi, mais n'est jamais devenu un sujet de compréhension scientifique. Certaines découvertes de mécanique quantique semblent ouvrir aujourd'hui des possibilités qui étaient encore impensables ou considérées comme ridicules il y a encore trente ans.

Beaucoup reste à faire et à être étudié, de nouvelles méthodologies de recherche doivent être élaborées, et sûrement que de nouveaux modèles physiques doivent être découverts, avec probablement de nouvelles particules élémentaires exotiques (comme l'énergie noire, par exemple).

Sans doute est-il temps, pour permettre à notre science de grandir, que nos scientifiques laissent également une porte ouverte à la spiritualité, car celle-ci pourrait bien être la clé des grandes découvertes à venir. Mon sentiment est donc que la physique des prochaines décennies va de plus en plus profondément pénétrer le champ de cette « spiritualité ». Elle sera une physique très rationnelle, mathématique et très respectueuse de la méthode scientifique, mais elle sera moins rigide et plus flexible qu'aujourd'hui : tout comme un appareil photo, elle pourra zoomer et dézoomer à loisir pour passer de l'analyse à la synthèse. Cette nouvelle science nous montrera que nous sommes tous une seule et même chose synchrone, en parfaite harmonie avec la nature qui nous entoure. Elle nous rappellera que nous vivons à l'intérieur d'un miracle sans fin et que nous l'avons oublié. Peut-être nous permettra-t-elle également de comprendre comment la chenille devient papillon au moment de notre mort.

J'ai la conviction profonde que l'Univers est bien plus merveilleux que tout ce que nous avons pu penser jusqu'ici, et qu'une sorte d'alchimie est sur le point de s'opérer à l'intérieur de nous-mêmes.

CONCLUSION

Après avoir échangé et partagé avec tous ces interlocuteurs, j'ai le sentiment que des éléments permettant de confirmer certains aspects de la médiumnité ont été recueillis et qu'ils ont pu être intégrés dans une réflexion plus large avec des pistes scientifiques pour les expliquer.

Dans chaque domaine proposé, nous avons vu que des connexions et des compatibilités avec la médiumnité sont possibles. Bien évidemment, certaines questions restent sans réponses, sûrement car nous ne disposons pas encore de tous les outils nécessaires et que cette démarche doit s'inscrire dans le long terme : nous ne sommes encore que dans les premières lueurs de l'aube de notre connaissance de l'esprit humain, et pour compléter celle-ci, nous avons besoin de dépasser le manichéisme ambiant : la science et la spiritualité, le bien et le mal, le politiquement et le non-politiquement correct... L'important est d'entamer cette recherche et cette réflexion en étant de part et d'autre rigoureux, sans avoir peur de se remettre en question, de se demander si l'on est dans le vrai ou prisonnier de son propre imaginaire, d'une pensée trop personnelle ou étriquée. Tant qu'il y aura des gens pour se poser ces questions, nous ne pourrons qu'avancer.

Selon moi, l'histoire et l'archéologie, telles que nous les ont présentées Alexandre Adler et François Leroy, peuvent être un terrain d'expérimentation intéressant pour la médiumnité. Bien évidemment, les médiums ne sauraient se substituer au travail essentiel de l'archéologue et de l'historien, mais ils peuvent, à l'intérieur d'un cadre sérieux et délimité, apporter des éléments supplémentaires pour orienter leur réflexion et proposer des pistes d'interprétation.

Ce sont en tout cas deux domaines qui me fascinent et qui ont leur part de mystère : il s'agit chaque fois de rassembler des indices quelquefois explicites et très parlants, quelquefois imprécis ou peu nombreux, pour permettre de reconstituer notre évolution à travers les siècles et les millénaires. C'est un travail rigoureux qui nécessite parfois de faire appel à son intuition, et c'est sur ce point que la médiumnité peut se révéler utile.

J'ai pu constater avec Luce Janin Devillars que certains éléments qui font fonctionner la médiumnité sont des éléments psychiques connus et reconnus par la psychologie et la théorie psychanalytique. Je considère d'ailleurs que les psychanalystes sont beaucoup plus proches de l'invisible qu'ils ne le disent et ne le pensent : ils embrassent à la fois le champ rigoureux du médical, mais également une partie plus aléatoire qui est liée au « non-connu », au « non-su », et qu'ils se doivent de considérer et d'interpréter. Ils sont un maillon essentiel pour constater et tenter d'expliquer, comme C. G. Jung a pu le faire, la complexité de l'esprit humain avec ses zones d'ombre, sa richesse et ses capacités quelquefois déconcertantes. Il y a donc entre la médiumnité et la psychologie une sensibilité commune. Sûrement partagent-elles un socle commun de questionnement, et je suis persuadée que certaines réponses à venir qui permettront d'expliquer les mécanismes de l'un auront pour effet, du même coup, de mieux expliquer le fonctionnement de l'autre.

C'est une proximité semblable que je ressens en ce qui concerne la physique quantique. L'expérience d'écriture automatique avec David Bohm que j'ai eue en présence de Massimo Teodorani s'est révélée comme une occasion impromptue, mais utile, pour alimenter ses réflexions sur de possibles explications de la médiumnité. Même si aujourd'hui quelques-unes des hypothèses envisagées n'ont pas eu encore de confirmation, j'ai le sentiment qu'il existe une forte corrélation entre certaines d'entre elles et l'expérience et le ressenti que peut offrir la médiumnité. La possibilité qu'il existe des dimensions supplémentaires à notre réalité paraît évidemment très pertinente à celui qui communique avec l'au-delà. De même, le système de l'intrication, de l'instantanéité dans l'échange d'informations entre deux particules qui ne semblent connaître aucune contrainte liée à l'espace et au temps sont autant de notions qui frappent le médium par leur parallélisme.

Il me paraît important de recouper toutes les disciplines possibles et pertinentes pour avancer sur un même problème. La médiumnité doit jeter des ponts entre différentes matières, mais encore faut-il le faire avec rigueur.

C'est justement parce que la médiumnité est un sujet important et sérieux qu'il faut choisir avec soin ses représentants. J'invite les personnes qui vont consulter à être vigilantes et prudentes : trop de gens s'improvisent médiums ou voyants, et se permettent de dire des choses consternantes. C'est la raison pour laquelle je croise souvent des personnes angoissées et dans tous leurs états, car on leur a dit « votre mari va vous tromper… vous allez développer un cancer… », d'autres viennent les yeux écarquillés, car on leur a dit « vous êtes un passeur d'âmes » et me demandent ce que cela peut bien vouloir dire et comment on doit s'y prendre. Et je ne parle pas des diagnostics comme, par exemple : « Vous êtes malade, car une entité est sur vous », et qui se révèlent complètement faux. Ces soi-disant professionnels médiums, magnétiseurs et autres qui se permettent d'avoir des avis tranchés sans rien expliquer, sans soulager réellement la personne, sans réelle maîtrise et connaissance de ce qu'ils avancent sont soit des charlatans, soit des personnes inexpérimentées et irresponsables, ce qui n'est pas forcément mieux. Il faut être humble et rigoureux, quand on ne sait pas, il vaut mieux le dire, et quand on n'est pas sûr de ce qu'on avance ou qu'on n'a pas les compétences pour soulager et guérir les gens du problème qui se pose, il faut quelquefois savoir se taire, plutôt que de les angoisser inutilement. C'est aussi le problème de l'argent. Car certains préfèrent donner des explications ésotériques évasives et approximatives qui donneront l'impression qu'ils savent et qu'ils ont cerné le problème, plutôt que de laisser leurs clients repartir déçus. C'est pour rester responsable et honnête que je me suis toujours refusée à faire payer ceux que j'aide.

Je constate également qu'il n'y a pas beaucoup de médiums qui renvoient les gens chez des médecins, des spécialistes ou des psychologues. Il est pourtant important d'avoir assez de discernement pour savoir ce qui relève du paranormal et de la médecine générale. Il faut reconnaître quand on a besoin de la science. Il faut toujours pousser les investigations et ne pas s'arrêter sur un ressenti qui peut être imprécis. Il faut reconnaître ses limites. La science pousse les investigations, les médiums doivent le faire également. Il ne faut jamais se contenter d'une réponse sommairc ou évasive. Il faut être curieux, chercher à en savoir plus.

De la même façon, la science doit nouer des liens avec le paranormal. Je constate, par exemple, que de plus en plus de médecins, quand ils ont des patients qui souffrent de brûlures, n'hésitent pas à faire appel à des coupeurs de feu – des guérisseurs capables de soulager ce type de douleurs. Plus les esprits s'ouvriront, plus la science sera en mesure d'expliquer cet invisible, et plus une collaboration sérieuse deviendra possible entre les deux.

Il est nécessaire et intelligent d'ouvrir des portes entre le paranormal et la science, afin que ce ne soient plus des mondes antagonistes et ennemis.

Même si l'ouverture des esprits commence à gagner du terrain et que certains scientifiques se penchent sur la question, la médiumnité, de manière générale, n'est pas encore prise au sérieux par la science. Cela explique qu'il soit difficile de lever des fonds et qu'il n'y ait pas de budget pour financer des projets d'expérimentation.

Le Dr Duroux, neurochirurgien, après avoir assisté à l'une de mes transes, m'avait expliqué qu'il ne s'agissait pas d'un phénomène lié à un état épileptique, mais d'un mystère qui pouvait tout à fait être dû à une anomalie dans le cerveau. Malheureusement, nous en sommes restés là, faute de financement pour mettre sur pied une expérimentation. C'est le même problème qui se pose pour les expérimentations que suggère Massimo Teodorani : ce n'est pas le matériel qui manque, mais bien la volonté de financer ce genre de projets.

La médiumnité est une porte d'entrée sur l'invisible qui, de par sa proximité et son interaction avec nous et notre réalité, détient une partie des clés de notre fonctionnement. Se priver de rechercher et de comprendre les mécanismes de cette interaction, c'est écarter d'emblée une partie des réponses que nous cherchons, c'est se priver d'un outil supplémentaire pour nous permettre de découvrir la vérité sur ce que nous sommes.

Ce rapport à l'invisible qui nous entoure est bien plus important et sérieux qu'on ne le dit, et il ne doit pas être éclipsé par les abus de quelques-uns. Il concerne le contact avec nos défunts, certaines possibilités comme celles de guérir, et bien d'autres qui ne sont que des manifestations du potentiel de l'esprit humain. Il constitue donc un moyen de nous reconnecter à notre histoire individuelle et collective, de nous soigner tant physiquement que psychologiquement, d'emprunter un chemin plus riche de sens et d'acquérir une vision plus spirituelle de l'existence. Cette connexion à l'invisible a toujours existé, elle fait partie de l'humain et, tout comme la science, elle rend compte d'une partie de notre réalité et de ce que nous vivons consciemment ou inconsciemment. Elle est donc un révélateur du fonctionnement de l'homme.

Pour comprendre comment nous fonctionnons, il me semble donc évident qu'il faut pouvoir étudier tous les aspects de la question, sans mettre de côté un pan entier de la réflexion.

La science moderne, avec ses progrès, dispose de plus en plus d'outils qui vont nous permettre d'explorer ce terrain avec un peu plus de rationalisme et de sérieux qu'auparavant. Encore faut-il le vouloir, et que des décisions soient prises dans ce sens. La médiumnité, on l'a vu, peut dans certains cas compléter la science en devenant son sujet d'étude ou en apportant certaines informations ciblées. Mais elle a besoin d'une science curieuse et ouverte qui puisse élargir son champ de prospection et lui apporter sa rigueur et son éclairage.

Je pense que la science et la médiumnité peuvent travailler ensemble et faire bon ménage. Je reste convaincue qu'en se donnant les moyens d'appréhender et de déchiffrer cet invisible, la science fera des découvertes étonnantes qui lui permettront de forger de nouveaux concepts, de nouvelles théories, avec toutes leurs implications pratiques. Notre interaction avec l'invisible est plus importante qu'on ne croit, et celui-ci a donc des implications fortes et concrètes sur nous et notre environnement. Par conséquent, mieux le connaître est une façon de mieux connaître également notre matérialité, le fonctionnement de notre corps, de notre esprit et donc de notre réalité.

Ce livre est une humble participation pour défricher le terrain et dire que des recherches sérieuses sont possibles dans ce domaine. Il y a un chemin à prendre et à parcourir qui, j'en suis persuadée, nous permettra de parfaire notre connaissance de la conscience humaine et de son formidable potentiel.

Table des matières

Mise en pages PCA
44 400 Rezé

Ouvrage publié sous
la direction de Virginie Fuertes

Achevé d'imprimer en septembre 2014
par CPI Bussière
à Saint-Amand-Montrond (Cher)
Dépôt légal : septembre 2014
N° d'impression : 2011753
ISBN : 978-2-7499-2282-9
LAF : 1875